Feuchtigkeit im Haus?

Schäden erkennen,
vorbeugen, beseitigen

Zu den Autoren

Dipl. Ing. (FH) Karl Habermann, Architekt und Baumeister, ist Sachverständiger für Bauschäden und Grundstücksbewertung sowie Energieberater bei der Verbraucherzentrale Rheinland-Pfalz e. V.

Dipl. Des. (FH) Uta Maria Schmidt ist Baufachberaterin im Referat Energie, Bauen und Wohnen bei der Verbraucherzentrale Rheinland-Pfalz e. V.

1. Auflage, September 2008, 1.–8. Tausend
© 2008, Verbraucherzentrale NRW e. V., Düsseldorf

ISBN: 978-3-938174-49-4
Printed in Germany

Inhalt

Inhalt

Vorwort

Wasser ist für den Menschen in vielerlei Hinsicht von größter Bedeutung. Einerseits ist es natürliche Lebensgrundlage, andererseits gibt es Bereiche, in denen der Mensch sich vor der Naturkraft Wasser schützen muss. Die größte Gefahr für die menschliche Behausung stellen dabei Überflutungen durch Hochwasser dar. Es genügt aber auch schon, wenn Wasser oder Feuchtigkeit auf anderen, weniger spektakulären Wegen in ein Haus eindringen und Schäden an Mauerwerk und Konstruktion bewirken. Gerade erdberührte Bauteile bergen große Risiken. Fehlerhafte oder fehlende Baugrundgutachten, Schäden an Baugruben und Gründungen, Gebäudeschäden aus Erschütterungseinwirkungen oder schwankenden Grundwasserständen sowie fehlerhafte vertikale und horizontale Abdichtungen erdberührter Bauteile sind schwerwiegend und haben oft unliebsame, weil aufwändige und teure Auswirkungen. Aber auch im Altbau führt Wasser auf vielerlei Weise zu Schäden an der Bausubstanz und zur Beeinträchtigung von Wohnqualität und Wärmedämmwirkung der Außenbauteile. Dabei können einfache Lösungen oft kostspielige Maßnahmen vermeiden.

Der Ratgeber soll Ihnen dabei helfen, Schadensursachen zu erkennen, und gibt Hinweise, was Sie selbst tun können oder veranlassen sollten (Teil 1). Eine Bilddokumentation (Teil 2) zeigt praktische Fallbeispiele, vorwiegend für ältere Gebäude, und beschreibt Schritt für Schritt deren Sanierung. Vorbeugende Schutz- und prinzipielle Sanierungsmaßnahmen bei Feuchtebelastungen durch Grund- und Hochwasser werden erläutert (Teil 3) und grundlegende Informationen über die Auftragsvergabe für die Sanierung (Teil 4) und einen sinnvollen Versicherungsschutz (Teil 5) vorgestellt. Dieser Ratgeber ist kein Ersatz für die Klärung fachspezifischer Detailfragen. Hierzu wird empfohlen, einen Sachverständigen für Bauwesen, einen Architekten oder fachkundigen Handwerksmeister um Rat zu fragen.

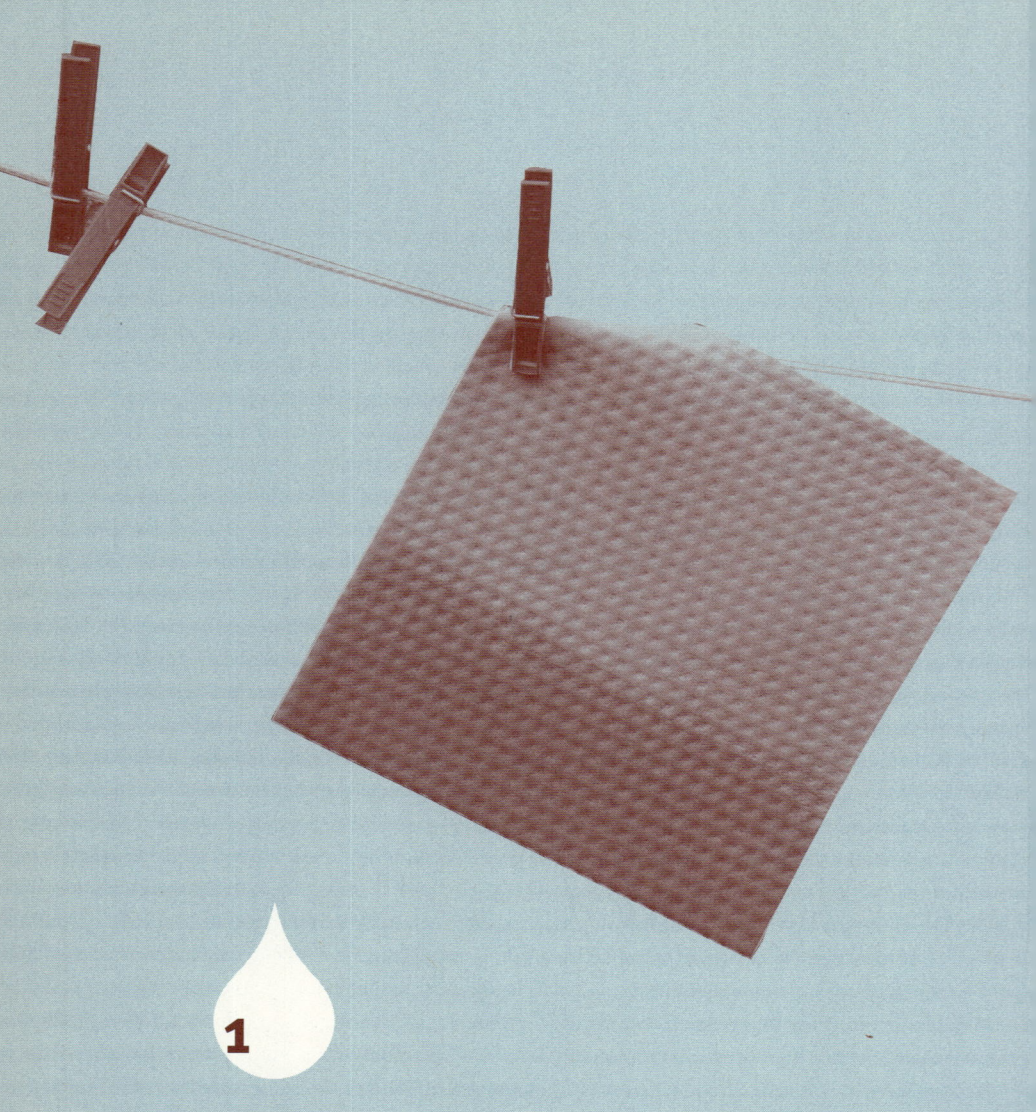

Feuchtigkeitsbelastungen im Bauwerk

- Ursachen
- Erkennungsmerkmale
- Sanierungsmaßnahmen

Die Wassereinwirkungen auf Bauwerke sind sehr vielfältig. Der Wasseranfall zum Bauwerk ist abhängig von der Höhe der Niederschläge in der Region, der Größe des Einzugsgebietes und der topographischen Lage des Grundstücks, ob Berglage, Hanglage oder ebene Talaue.

Erhebliche Belastungen entstehen durch **Niederschläge** wie Regen und Schnee, die primär als Oberflächenwasser die Bauwerke gefährden.

Eine regensichere **Dacheindeckung** bei geneigten Dächern und eine solide **Dachabdichtung** bei Flachdächern sind daher grundlegende Voraussetzung für die dauerhafte Abwehr von Niederschlägen.

Regenschutz für die **Fassade** bieten z. B. Außenputze in wasserhemmender oder wasserabweisender Qualität mit entsprechenden Anstrichen, wetterfestes Verblendmauerwerk oder wetterfeste Außenbekleidungen.

Entscheidend ist auch die Beschaffenheit des **Baugrundes**. Leichte, durchlässige Böden leiten das anfallende Oberflächenwasser rasch ins Grundwasser, während dichte, bindige Böden die Versickerung verhindern. Hierdurch liegt die größere Gefahr für die Entstehung von Feuchteschäden im **Kellerbereich**. Hier können die erdberührenden Umfassungswände und Kellerböden mitunter ständigen Feuchtebelastungen ausgesetzt sein.

Beschaffenheit des Baugrundes

Die größte Feuchtebelastung entsteht durch die Einwirkung von **Druckwasser** und **Grundwasser**. Dieser Komplex ist Schwerpunktthema im dritten Teil des Ratgebers (→ Seite 78 ff.).

Auch mit Erdreich überdeckte **Terrassen** auf Teilflächen von Kellerdecken oder **Dachgärten** bei Terrassenhäusern erfordern stärkeren Schutz gegen eindringende Feuchte.

Ist der Baugrund mit Böden verschiedener Qualität geschichtet, wobei wasserundurchlässige Schichten wie Löß, Lehm, Schluff dominieren, jedoch dazwischen eine wasserdurchlässige Schicht mit Kies- und mittlerem oder grobem Sandkorn vorhanden ist, fließt hier in den meisten Fällen das **Schichtwasser** als **unterirdisches** Wasser hindurch. Insbesondere bei Hanglagen ist oft die wasserführende Schicht zum Bauwerk hin geneigt. Bei starker Fließgeschwindigkeit des Schichtwassers, abhängig von der Neigung der wasserführenden Schicht, kann es zu **Stau- bzw. Druckwasser** im erdberührenden Teil der Kellerwand kommen, wenn das Wasser nicht schnell genug versickert.

Die nebenstehende **Querschnittszeichnung** gibt Hinweise über die am meisten gefährdeten Stellen in der Gebäudehülle, bei denen Feuchteschäden auftreten können.

Im Rahmen der **Gebäudewartung und -unterhaltung** liegt es also nahe, diese gefährdeten Stellen im Dach- und Kellerbereich und in der Fassade regelmäßig zu kontrollieren. Günstige Zeiten dafür sind im Herbst und im Frühjahr und natürlich nach heftigen Regengüssen.

Fachleute einbeziehen

Bereits beim Bauen ist die sorgfältige Ausführung der Anschlussdetails eine gute Vorsorge und hilft, später kostspieligen Ärger zu vermeiden. Hier sind der Bauleiter bzw. der bauüberwachende Architekt und ggf. zusätzlich ein unabhängiger Sachverständiger bei der Endabnahme des Gebäudes gefragt.

Grundsätzliche Hinweise, wie Sie bei einer **Sanierung**, die durch einen Feuchteschaden notwendig wird, vorgehen und was Sie bei der Auftragsvergabe bis zur Abnahme beachten sollten, finden Sie in Teil 4 „Durchführung der Sanierung" (⋯⋗ Seite 116 ff.).

Abb. 1 Potenzielle Feuchteschäden an einem Haus

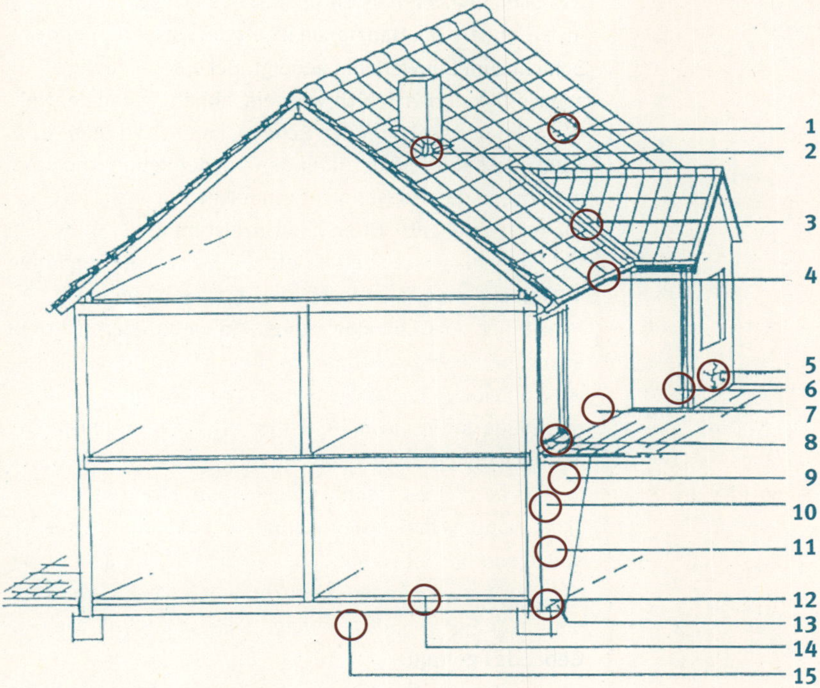

Feuchtigkeit aus Niederschlag:

1 Schadhafte Dachdeckung
2 Defekte Blechverwahrung
3 Defeke Kehlbleche
4 Defekte Regenrinne
5 Putzbelag
6 Defektes Regenfallrohr
7 Fehlender Spritzwassersockel
8 Defekte Abdichtung am Fenster-Türsockel
9 Fehlende Sickerschicht

Feuchtigkeit aus dem Erdreich:

10 Defekte vertikale Abdichtung
11 Fehlende Perimeterdämmung
12 Defekte Hohlkehlabdichtung
13 Fehlende Dränage
14 Defekte Horizontalabdichtung
15 Fehlende Filterschicht

Die Ursachen

Im Folgenden werden die häufigsten Ursachen von Feuchtebelastungen im Bauwerk aufgezeigt und erläutert, wie Sie diese erkennen können.

Fehlende Abdichtung im erdberührenden Bereich

Typische Feuchteprobleme in Altbauten

Fehlende oder schadhafte horizontale und vertikale Abdichtungen der Umfassungswände in den erdberührenden Bereichen sind häufiger Grund für auftretende Feuchte, insbesondere im Kellergeschoss von Altbauten.
Bei Gebäuden aus der Gründerzeit und der Jahrhundertwende (Mitte 19. bis Anfang 20. Jahrhundert) trifft dies in hohem Maß zu. Ausgeführte Abdichtungen sind längst verrottet oder wurden bei geringem Anspruch an die Nutzung des Kellergeschosses gar nicht erst ausgeführt. Bei Kellerräumen in landwirtschaftlich geprägten Gegenden, die speziell zur Vorratslagerung genutzt wurden, verzichtete man auf Feuchteabdichtung zugunsten einer längeren Frischhaltung der Vorräte.
Bei Bauten aus den Jahren nach 1945 bis Anfang 1960 wurde die vertikale Abdichtung gegen Erdfeuchte bei Kelleraußenwänden sehr oft nur mit einem zweimaligen Kaltbitumenanstrich auf Unterputz hergestellt. Durch fehlenden Anfüllschutz wurde der Schutzanstrich meist schon beim Verfüllen der Baugrube durch Steine oder Schaufeln beschädigt.
Auch war in dieser Zeit die in Kellergeschosswänden verlegte **Horizontaldichtungsbahn** aus sogenannter Dachpappe von geringer Qualität und begrenzter Lebensdauer. Demnach sind Bauten aus dieser Zeit oft mit Feuchteschäden behaftet.

1

Bei Bauwerken, die gegen **Druckwasser** bzw. **Grundwasser** oder auch Hochwasser abgedichtet wurden, ist die Schadenhäufigkeit infolge von Setzrissen, Ausführungsfehlern oder mangelhafter Systemplanung groß.

Erkennbar ist die **fehlende oder schadhafte horizontale Abdichtung** der Umfassungs- bzw. Innenwände daran, dass bei unterkellerten Gebäuden vom Fußboden des Kellergeschosses aus die Wände ca. 25 bis 50 cm hoch Feuchte aufzeigen, bei Nichtunterkellerung ab Oberkante Erdreich.

Die Feuchte ist anhand von Dunkelfärbung erkennbar.

Oft sind solche Feuchteflecken oder Feuchteflächen am äußeren Rand weiß gefärbt. Diese sogenannten **Ausblühungen** werden durch Auflösung bzw. Ausschwemmen von Salzen verursacht, die zum Teil mit dem Wasser aus dem Erdreich in das Mauerwerk eingedrungen sind und sich dort anreichern oder sich aus Baustoffen gelöst haben – ein Zeichen fortgeschrittener Feuchte.

Meist ist der Innen- oder Außenputz davon betroffen. Die nächste Schadensstufe: Durch die Ausblühungen kann sich der Putz mit der Zeit aufwölben und abblättern.

Das **Fehlen einer vertikalen Außenabdichtung** an Kellerwänden zeigt sich durch Feuchte an der gesamten Innenfläche der Wand, soweit diese von außen vom Erdreich berührt wird.

Eine **schadhafte Außenabdichtung** ist meist nur im Schadenbereich auf der Innenseite durch Feuchteflecken erkennbar.

Der Feuchtegrad im Mauerwerk ist mittels Feuchtemessgerät feststellbar. Am häufigsten wird die **Widerstands-Messmethode** mit dem Hydrometer / Hochfrequenz-Messprinzip angewandt. Die Feuchtewerte werden in Prozent (%) angezeigt. Bei einem Wert ab 80–85 % werden Maßnahmen notwendig.

Erkennungsmerkmal Dunkelfärbung

Fehlende oder verstopfte Ringdränage

Eine fehlende oder verstopfte Ringdränage kann dazu führen, dass insbesondere in regenreichen Gegenden anfallendes Sickerwasser nicht abgeleitet werden kann. Es kommt häufig zu Stauwasserbildung, wodurch Wände und Böden durchnässt werden.

Stauwasserbildung

Die **fehlende Ringdränage** zeigt sich durch regenabhängige Wechselwirkung. Im unteren Mauerwerksbereich kommt es bei anhaltendem Regenwetter zu stärkeren Feuchteerscheinungen. Außerdem wird der an das Mauerwerk angrenzende Boden im Randbereich vermehrt durchfeuchtet. Das gleiche Erscheinungsbild kann auch bei **verstopften Ringdränagen** auftreten.

Verstopfungen entstehen durch Erdablagerungen in den Rohren oder durch das Eindringen von Wurzeln benachbarter Bäume oder Sträucher.

Fehlende Sickerschicht

Eine **fehlende Sickerschicht** unter dem Kellerboden oder dem Erdgeschossboden bei nicht unterkellerten Gebäuden kann zu Stauwasserbildung führen. Dabei tritt häufig Bodenfeuchte auf.

Bodenfeuchte

Oft besteht der Kellerboden nur aus gestampftem Lehm oder aus in Sand verlegten Natursteinplatten.

Nicht unterkellerte Altbauten haben häufig Holzböden, die auf Rippen in Sand verlegt sind. Es fehlen eine horizontale Abdichtung des Erdgeschossbodens und die Betonbodenplatte. Erkennbar ist die fehlende Sickerschicht durch regenabhängige Wechselwirkung. Meistens ist die gesamte Bodenfläche davon betroffen. Bei starkem Regen oder ansteigendem Grundwasser kann der Keller- oder gar der Erdgeschossboden bis zu einigen Zentimetern mit Wasser überdeckt werden.

Setzrisse im Fundamentbereich

Grundleitungen der Hausentwässerung können infolge von Setzrissen im Fundamentbereich des Gebäudes Schaden nehmen. Der im Setzungsbereich liegende Abwasserstrang bricht durch, steter Wasseraustritt führt zur Durchfeuchtung des gesamten Bodens, von begrenzten Teilflächen und von Wandbereichen.
Schon im Gebäudealter von 20 bis 30 Jahren können solche Schadensbilder auftreten.
Es ist ratsam, bei Verdacht auf Schadhaftigkeit eine Fachfirma mit der Untersuchung mittels Endoskopie-Kamera zu beauftragen.

Tipp

Prüfen Sie anhand der Versicherungsbedingungen Ihrer Wohngebäudeversicherung (---> Seite 135 ff.), ob eine Haftung für solche Schäden besteht.
Trifft dies zu, dann haben Sie Kostendeckung für die Reparatur, die Leitungsuntersuchung und, falls erforderlich, für das Gutachten eines Sachverständigen.

Verstopfte Grundleitungen

Leitungsbrüche infolge von Setzrissen oder zu geringes Rohrgefälle können zu Verstopfungen in Grundleitungen führen. Der daraus resultierende Rückstau begünstigt Feuchteschäden.
Die Kosten für die Beseitigung von Verstopfungen, die infolge einer Bruchstelle der Abwassergrundleitung entstanden sind, werden von der Wohngebäudeversicherung übernommen, ebenso die Kosten für die Reparatur der Abwasserleitung.
Die durch den Wasseraustritt an der Bruchstelle entstande-

nen Schadens- und Reparaturkosten sind in der Regel durch die Versicherung abgedeckt.

Hinweis Verstopfungen, die nicht durch einen Leitungsbruch ent-standen sind, unterliegen keinem Versicherungsschutz.

Defekte an der Wasser- oder Heizleitung

Wenn plötzlich Feuchteflecken an Wand, Decke oder Fuß-boden auftreten, sollten Sie umgehend Ihre Wohngebäude-versicherung benachrichtigen. Diese wird die Kosten für die Reparatur übernehmen.
Ein **Leitungsdefekt der Wasserleitung** ist feststellbar, indem alle Verbraucher im Haus benachrichtigt werden, kurzfristig kein Wasser an Wasserzapfstellen oder über die WC-Spülung zu entnehmen. Zeigt die Wasseruhr trotzdem noch einen Verbrauch an, liegt ein Defekt vor.
Ein **Defekt an der Heizleitung** liegt dann vor, wenn der Wasserdruck im Heizungssystem kurzfristig oder spätes-tens innerhalb einer Woche abfällt.

Hinweis Bei Fußbodenheizungen muss die Kostenübernahme von Reparaturen an Heizleitungen bei Abschluss einer Wohnge-bäudeversicherung (⋯⋯⟩ Seite 135 f.) gesondert vereinbart werden.

Fehlende oder defekte Rückstausicherungen

Fehlende oder defekte **Rückstausicherungen in Abwasser-leitungen** ermöglichen bei außergewöhnlich hohem Nieder-schlag den Rückstau von Abwasser innerhalb des Hauses. Falls Sanitäreinrichtungen wie Waschbecken, WC oder Waschmaschine im Keller unter der Rückstauebene instal-

1

liert sind, kann Abwasser über diese Einrichtungen zurück-
gedrückt werden. Als Rückstauebene gilt meistens die
Straßenoberkante der Erschließungsstraße, wenn von der
Gemeinde keine andere Festlegung hierüber getroffen
wurde.
Bei **nachträglicher Montage** von Wasseranschlüssen und
Sanitäranlagen in tief liegenden Räumen, z. B. im Kellergeschoss, sollten Sie vorher mit der Gemeindeverwaltung
sprechen, ob in den Abwassersatzungen eine Festlegung
der Rückstauebene vorliegt. Trifft dies zu, so muss örtlich
überprüft werden, ob die Montage unterhalb dieser Rückstauebene möglich ist. Wenn ja, dann erfordert dies den
Einbau einer Rückstauklappe zur Rückstausicherung in die
Abwassergrundleitung.

In der Regel sind Schäden durch Rückstau nicht in der   **Hinweis**
Wohngebäudeversicherung mitversichert, sondern bedin-
gen den Abschluss einer Elementarschaden-Versicherung
(⸺⸽ Seite 139).

Rückstausicherung – ja oder nein?

◆ Das Tiefbauamt der Gemeinde oder die Gemeindeverwaltung verfügen über Kanalpläne, in denen Höhen der
  Kanalsohle bezogen auf NN (Normalnull) eingetragen
  sind. Dort findet sich evtl. auch eine Bezugshöhe für
  die Rückstauebene für das betroffene Gebäude.

◆ Der Hausbesitzer kann nach Kenntnis der Höhe für die
  Rückstauebene auf seinem Grundstück durch Nivellement eine Höhenüberprüfung durchführen lassen, um
  festzustellen, ob eine Hebeanlage notwendig wird.

Fehlende Hebeanlage

Eine **fehlende Hebeanlage** bei unter der Rückstauebene eingebauten Waschmaschinen, Duschwannen und Waschbecken kann ebenfalls dazu führen, dass Abwasser in das Hausinnere zurückgestaut wird. Deshalb ist es vor allem beim Einbau einer Toilette und dem damit verbundenen Einleiten fäkalienhaltiger Abwässer unter der Rückstauebene notwendig, eine entsprechende **Hebeanlage** für fäkalienhaltiges Abwasser einzubauen.

Schadhafte Regenrinnen und Regenfallrohre

Sind die Regenrinnen und Regenfallrohre schadhaft, führt dies durch steten Wasseraustritt bei Regenwetter zu Feuchteschäden. Setzungen im Bereich der Grundleitung führen oft zu Anschlusslücken bei Fallrohren oder Standrohren, mit den gleichen Folgen.

Regelmäßige Kontrolle Es empfiehlt sich, Rinnen und Fallrohre regelmäßig bei Regen zu kontrollieren. Leckstellen sind dann leicht zu erkennen, bevor es zu nachhaltigen Schäden kommt.

Oft sind Regenrinnen allerdings nicht schadhaft, sondern bei versäumter Wartung so stark mit Laub, Ziegelsplittern, Moos und Schmutz verunreinigt, dass der Ablauf von Regenwasser nicht mehr gewährleistet ist. Hierdurch kommt es zu Rückstau, sodass Regenwasser ins Gebäude eindringen kann.

Schadhaftes Dach

Schadhafte Dacheindeckungen bzw. vermooste Dächer sind häufige Schadensquellen für Baufeuchte. Als Hausbesitzer sollten Sie alle Dachflächen, gleichgültig ob Flachdach oder geneigtes Dach, regelmäßig inspizieren. Beachten Sie besonders die Anschlüsse an Kaminen, Lüftungs- und Belichtungsöffnungen oder Dachflächenfenstern. **Dacheindeckungen** sind stets nach heftigen Gewitterregen oder Stürmen zu kontrollieren. Ein Blick aus dem Dachfenster oder aus größerer Distanz mit dem Fernglas ist hilfreich, um verrutschte, beschädigte und fehlende Ziegel zu entdecken.

Hinweis

Eine Wohngebäudeversicherung mit dem eingeschlossenen Sturm- und Hagelrisiko übernimmt die Kosten für entsprechende Schäden an der Dacheindeckung und für die Sanierung nach dem Eindringen von Niederschlägen infolge von Sturm oder Hagel (⸱⸱⸱⸳ Seite 135 f.).

Schadhafte oder verstopfte Hofeinläufe

Schadhafte oder verstopfte Hofeinläufe können bei starken Niederschlägen nicht alles Wasser aufnehmen.
Daher sollten Sie vor, nach und während anhaltender Regenperioden oder bei Gewitterregen die Schmutzeimer entleeren und reinigen. Damit ist ein einwandfreier Wasserablauf gewährleistet.
Versäumnisse führen oft zu Wasserrückstau im Außenbereich des Gebäudes. Hierdurch kann Stauwasser in tiefer liegende Kellerbereiche eindringen und Feuchteschäden verursachen.

Mangelhafte Lichtschächte

Auch fehlerhaft eingebaute oder schadhafte **Lichtschächte** können einen Wassereintritt verursachen. Sie sollten regelmäßig kontrollieren, ob der Bodeneinlauf frei von Schmutz ist, damit Niederschläge ablaufen können. Sonst kann

über die Lüftungsöffnungen der Kellerfenster Wasser eindringen. Oft sind auch die Wandanschlüsse von Lichtschäch-
ten schadhaft, wodurch Regenwasser ins Mauerwerk gelangen kann.

Schadhafte Kellerfenster

Kellerfenster aus Stahlblech können durch Korrosion
schadhaft und undicht werden. Außerdem kann bei Ein-
baufehlern der Stahlfensterzargen durch Schlagregen
Wasser ins Gebäude gelangen.

Fehlende Türschwelle / verstopfter Boden-einlauf

Eine **fehlende Türschwelle** an Kellerzugängen bzw. ein **fehlender oder verstopfter Bodeneinlauf** zwischen dem An-
trittspodest von Kellerfreitreppen und dem Kellerzugang
ermöglichen dem Regenwasser Zutritt in die Kellerräume.
Liegt dieser Bodeneinlauf unter der Rückstauebene, muss
er hinter einer Rückstausicherung angeordnet sein, damit
sich bei größeren Niederschlägen kein Abwasser aus dem
Kanal zurückdrückt.

Fehlender oder schadhafter Spritzwassersockel

Fehlt der **Spritzwassersockel** oder ist er schadhaft, kann
bei nicht unterkellerten Gebäuden, bei freistehenden Kel-
lergeschossen bzw. an Terrassen oder Balkonen Wasser ins
Mauerwerk eindringen.

Sanierungsmaßnahmen

1

Zum Trockenlegen und Sanieren von Gebäuden, die Feuchteschäden haben, gibt es verschiedene Verfahren und Maßnahmen, die jedoch sehr kostenintensiv sein können. Hier werden zunächst kostengünstige Möglichkeiten aufgezeigt, die den Wasserzulauf reduzieren bzw. stoppen oder umleiten. **Der Erfolg dieser Maßnahmen hängt im Wesentlichen von fachkundigen Untersuchungen ab. Sie sollten vor einer Maßnahme einen erfahrenen Architekten, Sachverständigen oder Handwerksmeister beauftragen, den Grad der Wanddurchfeuchtungen, die Bodenbeschaffenheit und den Höhenverlauf des Geländes zu ermitteln. So stellt z. B. ein Geologe fest, welcher Lastfall nach DIN 18195 auf Ihrem Grundstück vorliegt und ob die Abdichtung Ihres Hauses für die jeweilige Wasserbeanspruchung ausreicht.** Anschließend müssen die Ableitungsmöglichkeiten von Oberflächenwasser, Schichtwasser und Stauwasser geklärt werden. Die Ableitung kann in einen Regenwasserkanal, eine Zisterne oder zur Versickerung erfolgen.

Hinweis

Klären Sie mit dem Architekten oder Sachverständigen, welche Maßnahmen Sie in Eigenleistung durchführen können. Im Zweifelsfall sollten Sie besser Fachleute mit den Arbeiten betrauen.

Beanspruchungsarten von Abdichtungen

Vorübergehende Stauwasserbelastung an Bauwerken
Geringste Beanspruchungsklassen werden unterteilt in:
- Bodenfeuchtigkeit und nicht stauendes Sickerwasser bei erdberührenden Bodenplatten und Wänden in stark durchlässigen Böden (Sand, Kies)

◆ fachgerecht gedränte Gebäude in weniger wasser-
durchlässigem Boden oberhalb des Bemessungswasserstandes.

Materialempfehlung für die Abdichtung:
◆ Kunststoffmodifizierte Bitumendickbeschichtungen
(KMB), 3 mm dick, oder genormte Bitumen- und Kunst-
stoffdichtungsbahnen einbauen. Seit August 2000 sind
nach DIN 18195 (Teil 1–6) Bauwerksabdichtungen mit
Dickbeschichtung (KMB) zulässig.
◆ An den Grundmauern nicht unterkellerter Gebäude sind
auch die bekannten 3-fach-Kaltaufstriche (Kaltbitumen)
weiter verwendbar.

Ausführungsempfehlung:
◆ Am unteren Kehlanschluss am Fundamentabsatz soll
die Wandabdichtung bis über die Bodenplatte reichen.
◆ Die Wandabdichtung ist grundsätzlich durch eine
Schutzschicht gegen mechanische Beschädigungen zu
schützen.
◆ Im Sockelbereich sind die Wandabdichtungen bis 300
mm über die Geländeoberkante zu führen.

Drückendes Wasser
Die Beanspruchung durch drückendes Wasser wird in zwei
Klassen unterteilt:

**Lastfall aufstauendes Sickerwasser (Abschnitt 9 der DIN
18195-6):**
Ohne funktionsfähige Dränage nach DIN 4095 ist bei bindigen, d. h. gering wasserdurchlässigen Böden von „vorüber-
gehend aufstauendem Sickerwasser" auszugehen. Dieser
Lastfall darf nur angesetzt werden
◆ bei Gründungstiefen bis 3,00 m unter Geländeoberkante und

- wenn die Unterkante der Kellersohle mindestens 30 cm über dem nach Möglichkeit langjährig ermittelten höchsten Grundwasser- / Hochwasserstand liegt.

Ein vorübergehender Anstau durch Sickerwasser über den langfristigen Grundwasserspiegel ist zulässig.

Abdichtungsempfehlung:
Bei Sohlentiefe bis zu 3,00 m und 300 mm über dem Bemessungswasserstand ist mit einfachen Abdichtungsverfahren abzudichten:

- Dazu gehören einlagige, kalt selbstklebende Bitumenbahnen (KSK)- und selbstklebende Bitumen- / Kautschuk-Dichtungsbahnen (EPDM), die mit gleichem Material auch unter der Bodenplatte anzuordnen sind.
- Auch kunststoffmodifizierte Bitumendickbeschichtungen (KMB) mit Gewebeeinlage in zwei Arbeitsgängen mit einer Mindesttrockenschichtdicke von 4 mm sind zulässig.

Lastfall von außen drückendes Wasser (Abschnitt 8 der DIN 18195-6):
Von diesem Lastfall ist auszugehen bei

- Grundwasser
- Schichtenwasser
- aufstauendem Sickerwasser

unabhängig von Gründungs-, Eintauchtiefe und Bodenart.

Für Gebäude, die ganz oder teilweise im Grundwasser stehen, sind ausschließlich bahnenförmige Dichtstoffe zu verwenden, die meist zweilagig als Wanne ausgebildet werden:

- Abdichtung mit heiß verklebten Bitumenbahnen,
- selbstklebenden EPDM-Dichtungsbahnen, deren Stöße verschweißt sind, oder
- zugelassenen KSK-Systemen.

Schutz der Abdichtung

Jede Abdichtung muss gegen Beschädigungen statischer, dynamischer und thermischer Art geschützt werden. Sie können gleichzeitig auch die Funktion einer Dämmung und/oder Dränung übernehmen. Durch geeignete Maßnahmen, wie z. B. Gleitschichten, ist sicherzustellen, dass keine Bewegungen aus dem Erdreich auf die Abdichtung übertragen werden.

Das Verfüllen der Baugrube hat lagenweise zu erfolgen. Es ist dafür Sorge zu tragen, dass die Schutzschicht beim Verdichten nicht beschädigt wird. Bauschutt, Splitt oder Geröll dürfen nicht unmittelbar an die abgedichteten Wandflächen angeschüttet werden.

Als Schutzschichten haben sich bewährt:

- expandierte und extrudierte Polystyrolhartschaumplatten
- Noppenbahnen mit Gleitschicht.

Für den **Lastfall aufstauendes Sickerwasser** werden bevorzugt Noppenbahnen mit Gleitschicht, Perimeterdämmplatten sowie Dränplatten mit abdichtungsseitiger Gleitfolie verwendet. Durchdringungen, z.B. Rohrdurchführungen, können die Abdichtungen in allen Ebenen durchstoßen. Grundsätzlich sollten sie so angeordnet werden, dass die Abdichtung im Bereich des **Lastfalls Bodenfeuchtigkeit und nicht stauendes Sickerwasser** durchstoßen wird.

DIN 18195 beachten

Dabei sind die Festlegungen der DIN 18195 zu beachten. Fugen, z. B. Bewegungsfugen, sind mit einem auf das Abdichtungssystem abgestimmten Fugendichtungsband abzudichten.

Schutz gegen Rückstau
(Norm EN 12056-1 + B 2501 + EN 12056-4)

Rückstau ist in Misch- bzw. Schmutz- und Regenwasser-
kanälen der kommunalen Abwasseranlagen in Abhängig-
keit von der Überlastungshäufigkeit durch starke Nieder-
schläge oder Schneeschmelze zu erwarten.
Absicherungsmaßnahmen gegen Rückstau sind von den
Anliegern (Kanalbenutzern) wie folgt zu veranlassen:
Ablaufstellen für Schmutzwasser, deren Ruhewasserspiegel im Geruchsverschluss unterhalb der Rückstauebene
liegen, sind durch passende Rückstaueinrichtungen gegen
Rückstau zu sichern.
Die maßgebende Rückstauebene wird von der örtlichen
Behörde in der Ortssatzung festgelegt. Fehlt eine solche
Festlegung, gilt als Rückstauebene die Höhe der Straßen-
oberkante an der Anschlussstelle. Ob eine passive oder
aktive Rückstausicherung einzubauen ist, hängt von der
Nutzung der Ablaufstelle während des Rückstaus ab und
inwieweit ein Gefälle zum Ablaufkanal besteht oder nicht.

Rückstauebene in Ortssatzung festgelegt

Passive Rückstausicherung
Besteht ein Gefälle von der Ablaufstelle zum Abwasserkanal und ist die Nutzung der Ablaufstelle während des
Rückstaus nicht zwingend, wenn z. B. die Räume nicht zum
dauernden Aufenthalt genutzt werden, dann kann eine
„passive Rückstausicherung" in Form eines Rückstauver-
schlusses eingebaut werden.

Aktive Rückstausicherung
Ist die Nutzung der Ablaufstelle während des Rückstaus
und bei bestehendem Gefälle zum Abwasserkanal zwingend notwendig, wie z. B. bei einer Einliegerwohnung,
muss eine aktive Rückstausicherung mit einer Pumpen-
und Hebeanlage eingebaut werden.

Unterscheidung nach Verwendungszweck

Man unterscheidet hinsichtlich des Verwendungszwecks sowohl bei den passiven als auch bei den aktiven Rückstausicherungen zwischen solchen für fäkalienfreies Abwasser (Grauwasser) und solchen für fäkalienhaltiges Abwasser (Schwarzwasser).

Sanierung von Schäden durch Oberflächenwasser

Kontrolle der Regenwasserzulaufstellen

Kontrollieren Sie bei Regenwetter, ob es Stellen gibt, bei denen das Regenwasser zum Gebäude hin läuft und dort versickern kann. Trifft dies zu und besteht keine funktionsfähige Dränageleitung, müssen Sie dafür sorgen, dass das Gefälle vom Haus wegführt und das Regenwasser in den Hofeinlauf geleitet wird.

Pflasterstreifen an nicht unterkellerten Gebäuden

Ein Pflasterstreifen von ca. 30 bis 40 cm Breite verhindert die direkte Versickerung entlang des Gebäudes. Die Pflasterung ist mit ca. 2 % Gefälle vom Gebäude wegführend anzulegen. Durch den Pflasterstreifen entsteht bei Regenwetter Spritzwasser. Ein Spritzwassersockel wird dadurch dringend erforderlich, falls er nicht schon vorhanden ist. Dies bedeutet, die Außenwand auf volle Pflasterhöhe zuzüglich einem 30 cm Streifen über der fertigen Pflasterhöhe abzudichten, bevor die Pflasterung ausgeführt wird. Das kann mit einer hydrophobierenden (wasserabweisenden) Imprägnierung des Außenputzes bewirkt werden. Man verwendet dabei Silane oder Siloxane als farbloses Fassadenschutzmittel, die auf den Außenputz aufgetragen werden. Fehlt jedoch der Sockelputz, muss dieser zuerst hergestellt werden.

Spritzwassersockel

Ableitung des Oberflächenwassers

Liegt das Baugrundstück am Fuß einer größeren Hanglage mit undurchlässigen Böden, kann mit Hilfe eines Drängrabens das Oberflächenwasser abgefangen und über einen Sammler dem Revisionsschacht des Regenwasserkanals zugeleitet werden.

Abb. 2 Ableitung des Oberflächenwassers

Abb. 2a Querschnitt

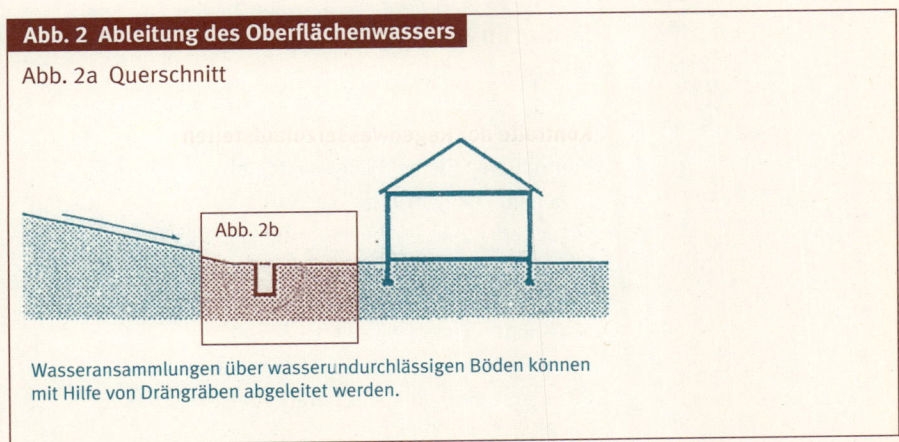

Wasseransammlungen über wasserundurchlässigen Böden können mit Hilfe von Drängräben abgeleitet werden.

Abb. 2b Detail

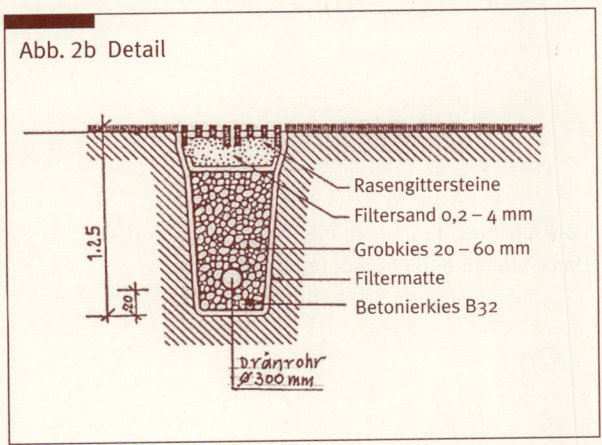

- Rasengittersteine
- Filtersand 0,2 – 4 mm
- Grobkies 20 – 60 mm
- Filtermatte
- Betonierkies B32

1.25

20

Dränrohr ∅ 300 mm

Damit wird vermieden, dass Oberflächenwasser in größeren Mengen bis zum Bauwerk gelangt, dort als Sickerwasser, z. B. am Kellermauerwerk, breitflächig hinunterläuft und bei fehlender Dränage Druckwasser bilden kann.

Wie in Abbildung 2b (---> Seite 27) dargestellt, wird der Drängraben auf eine Aushubtiefe von ca. 1,25 m hergestellt.

Die Grabensohle wird ca. 20 cm hoch mit Betonierkies B 32 aufgefüllt, darauf ein Dränrohr aus PVC hart (Durchmesser 300 mm) als perforiertes, jedoch auf der Rohrsohle geschlossenes Rohr mit einem Gefälle von 0,5 % verlegt.

Abdeckung mit Filtervlies

Vor Einbringen des Betonierkies wird die Grabensohle mit einem Filtervlies abgedeckt und beidseitig über die Grabenwände hochgeführt.

Der Drängraben wird bis auf ca. 25 cm unter der Oberkante des Geländes mit Grobfilter, Körnung 20/60 mm, aufgefüllt und mit dem Filtervlies wannenförmig abgedeckt.

Die restliche Grabenhöhe wird mit Filtersand, Körnung 02/4 mm, aufgefüllt und mit Rasengittersteinen geländeeben abgedeckt.

Sanierung von Schäden durch unterirdisches Wasser

Schichtwasser / Grundwasser

Besteht der Verdacht, dass bei fehlender oder schadhafter Abdichtung, insbesondere der Außenwände im Kellergeschoss, die anstehende Feuchte im Mauerwerk durch unterirdischen Zulauf von Schichtwasser oder von schwankenden Grundwasserständen herrührt, sollte ein Geologe hinzugezogen werden. Durch fachkundige Bodenuntersuchungen erhalten Sie Gewissheit über die Bodenbeschaffenheit und das Wasservorkommen auf Ihrem Grundstück. Wird bei einer Bodenuntersuchung festgestellt, dass das

1

Ansteigen von Grundwasser für die plötzlich aufgetretene
Feuchte oder sogar starke Nässe im Kellergeschoss ursäch-
lich ist, sind die zuvor genannten Maßnahmen nicht anwendbar.
Wenn beim Bau eines Hauses keine Beeinträchtigung
durch Grundwasser angenommen wurde, werden die üblichen Abdichtungsmaßnahmen nur auf **nicht drückendes
Wasser** abgestimmt und reichen bei steigendem Grundwasser und damit drückendem Wasser nicht mehr aus.
Stellt sich heraus, dass **Schichtwasser** die Feuchte in
Ihrem nicht abgedichteten Mauerwerk verursacht, können
die nachfolgend aufgezeigten Maßnahmen Erfolg bringen.

Ableitung von Schichtwasser
Wurde vom Bodengutachter festgestellt, dass die Zulaufebene der wasserführenden Schicht so hoch liegt, dass
dieses Wasser dem Regenwasserkanal mit mindestens
0,5 % Gefälle zugeleitet werden kann, sind folgende Maßnahmen notwendig:

Notwendige Maßnahmen

- Einholen der Genehmigung der zuständigen Behörde
  (Baubehörde, untere Wasserbehörde)
- Schaffen eines Drängrabens
- Verlegen eines Dränrohrs mit 300 mm Durchmesser mit
  geschlossener Rohrsohle und 5 % Gefälle
- Anschluss an den Sickersammler und von hier zum
  Regenwasser-Revisionsschacht, mit Verbindung zum
  Regenwasserkanal (⋯⋯⟩ Abb. 3, Seiten 30 + 31).

Abb. 3 Ableitung von Schichtwasser im Regenwasserkanal

Abb. 3a Draufsicht

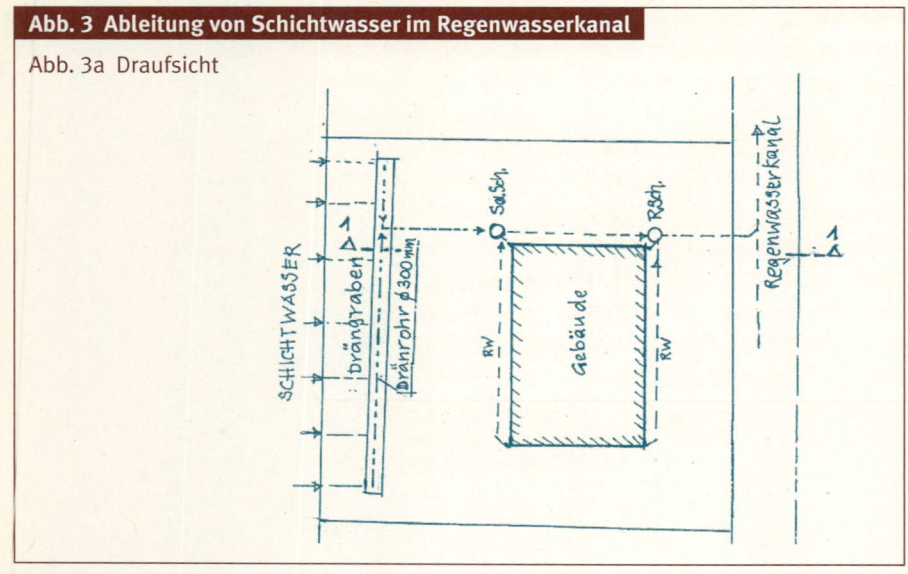

Abb. 3b Querschnitt

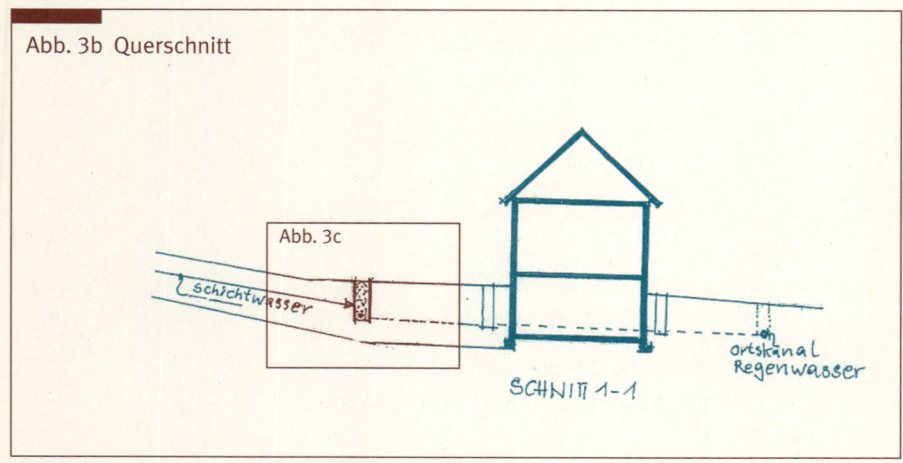

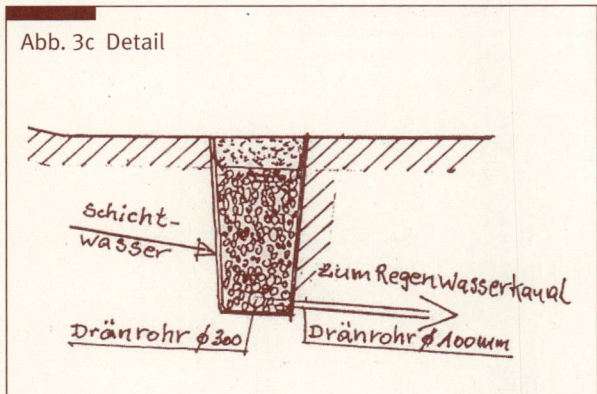

Abb. 3c Detail

Schicht-
wasser

Zum Regenwasserkanal

Dränrohr ⌀ 300   Dränrohr ⌀ 100 mm

Schichtwasserebene tiefer als Regenwasserkanal
Liegt die Schichtwasserebene jedoch zu tief und handelt
es sich laut Gutachten ca. 50 cm tiefer um einen versickerungsfähigen Boden, dann sind folgende Maßnahmen zu
empfehlen:

Mögliche Maßnahmen

- Untergrundverrieselung durch Schaffen eines Drängrabens, der die wasserführende Schicht bergseitig an-
  schneidet
- Verlegen eines Dränrohrs, Durchmesser 300 mm, als
  perforiertes Kunststoffrohr mit 0,2 % Gefälle, eingebettet in eine Kiespackung aus Körnung B 32
- den Rohranfang mit Lüftungs- und Kontrollrohr, Durchmesser 300 mm, versehen, das senkrecht aus dem
  Boden führt
- am Rohrende einen Kontroll- und Sickerschacht, Durchmesser 1.00 m, aus Betonschachtringen anbringen
- ca. 50 cm unter die Dränrohrzuführung reichende Vertiefung als Sandfang
- Schachtabdeckung mit Lüftungsöffnungen
- Schachtsohle mit Kiesfilter, Körnung B 23, ca. 20 cm,
  dick aufgebracht und mit Filtervlies abgedeckt
  (⸺> Abb. 4, Seiten 32 + 33).

Abb. 4 Schichtwasserebene liegt tiefer als Regenwasserkanal

Abb. 4a Draufsicht

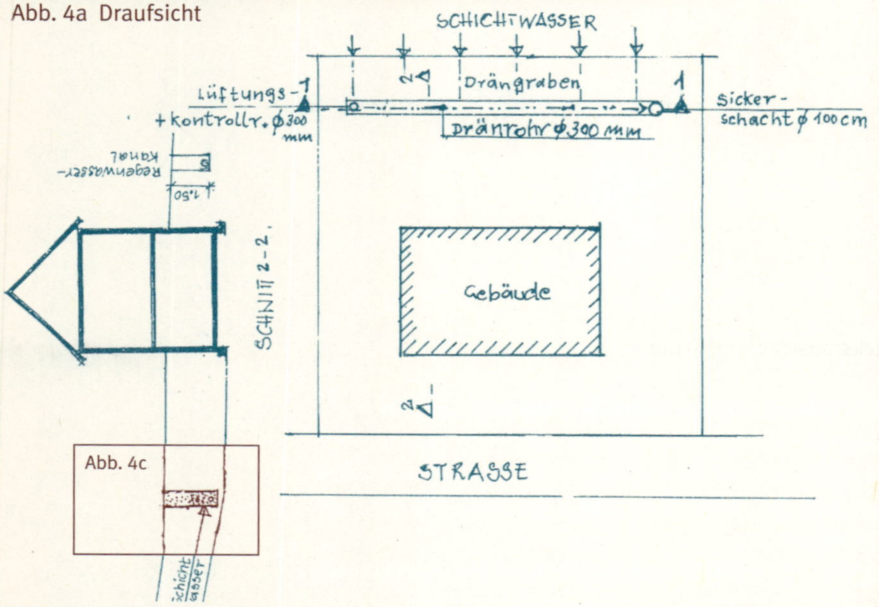

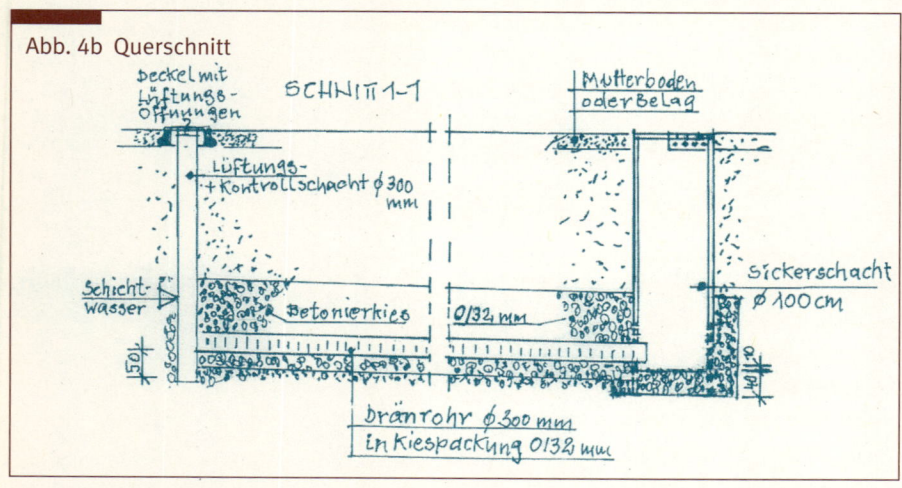

Abb. 4b Querschnitt

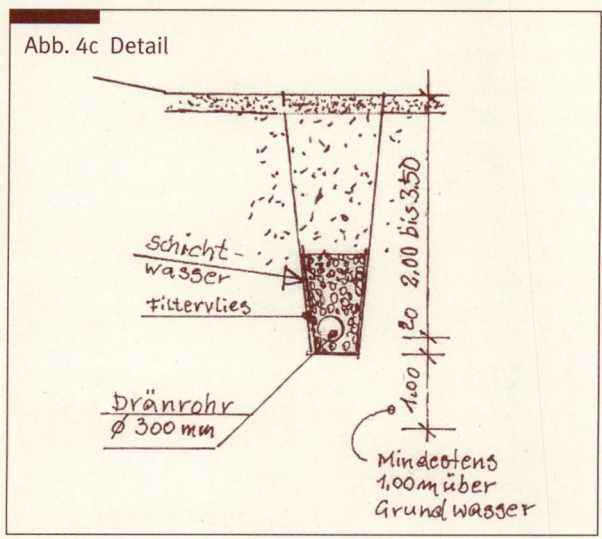

Abb. 4c Detail

Bei diesem Beispiel soll der Zulauf des Schichtwassers durch entsprechenden Abstand zu unterkellerten Gebäuden mit dem Drängraben unterbunden werden.

Tipp

Bei geeigneter Grundstücksgröße ist ein Abstand von ca. 6,00 m empfehlenswert. Dies gilt auch für Sickerschächte.

Hinweis

Erdspeicher

Handelt es sich laut Gutachten um einen eingeschränkt versickerungsfähigen Boden, z. B. sandigen Lehm, und liegt die Zulaufebene des Schichtwassers bei etwa 1,25 bis 1,50 m unter der Oberkante des Geländes, ist bei Fehlen eines Regenwasserkanals folgende abweichende Ausführung zu wählen:

- Endschacht nicht als Sickerschacht, sondern als Wasserspeicher mit geschlossenem Boden, auch Betonzisterne genannt, ausführen lassen
- für den Schachtdurchmesser eventuell 1,50 m wählen und für die Schachttiefe ab Unterkante Dränrohrzulauf ca. 2,00 m (= 3,5 m³ Inhalt) (⤏ Abb. 5).

Hinweis Es ist sinnvoll, eine Stromzuleitung mittels eines dreiadrigen Erdkabels bis in den Schacht zu verlegen, damit das Vorratswasser mit einer Tauchpumpe herausgepumpt werden kann.

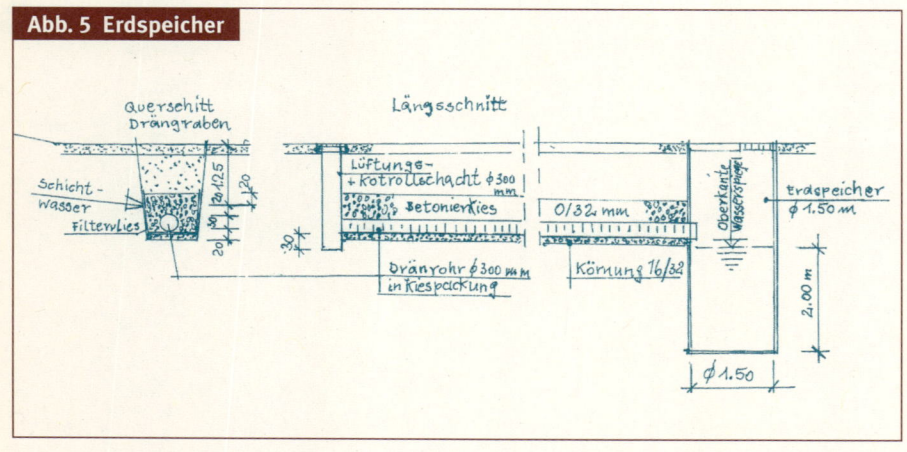

Abb. 5 Erdspeicher

Das gespeicherte Schichtwasser kann z. B. zur Gartenbewässerung genutzt werden. Besteht hierfür keine Verwendung, kann dieses Wasser auch dem Regenwasserkanal
mittels Pumpe und flexiblem Rohr zugeleitet werden.
Die Zulässigkeit sowohl der Versickerung als auch der Zu-
leitung zum Regenwasserkanal muss unbedingt den Bedin-
gungen der Abwassersatzung der Gemeinde entsprechen.

Untergrundverrieselung / Sickerschacht
Handelt es sich um Stauwasser über wasserundurchlässigen Schichten, kann der Einbau eines zentral gelegenen
Sickerschachtes eine wirksame Entwässerungsmaßnahme
sein. Hierbei soll der Sickerschacht die wasserundurchlässigen Schichten durchdringen und bis auf wasserdurchlässige Bodenschichten führen.
Zweckmäßig ist die Verwendung von vorgefertigten Betonschachtringen mit einem Durchmesser von 1,50 – 2,00 m.
Bei größeren Wasseraufkommen sollte ein größerer Durchmesser gewählt werden.
Durch diagonale Anordnung von Dränleitungen in der Stau-
wasserzone, die als sogenannte Stichleitungen zum Sickerschacht führen, wird ein schnelleres Ableiten des Stauwas-
sers gewährleistet.
Die Dränageleitungen aus perforierten Kunststoffrohren
mit einem Durchmesser von 100 mm müssen in der Lei-
tungssohle geschlossen sein und mit ca. 0,5–1,0 % Gefälle
zum Schacht hin verlegt werden. Hierbei müssen die Dränageleitungen mit einem sogenannten Filtervlies ummantelt
werden, um eine Verschlammung der Rohre zu vermeiden.
Die mit Filtervlies ummantelten Dränrohre sind in einer
ca. 15 cm starken Kiesschicht, Körnung 8/16 mm, zu verlegen und mit Filtervlies gegen Erdreich zu umschließen.
Der um den Sickerschacht vorgesehene Sickerkies, Körnung 8/16 mm, ist seitlich bis zum Dränkies hochzuführen

**Stichleitungen zum
Sickerschacht**

Abb. 6 Sickerschacht

Abb. 6a Draufsicht

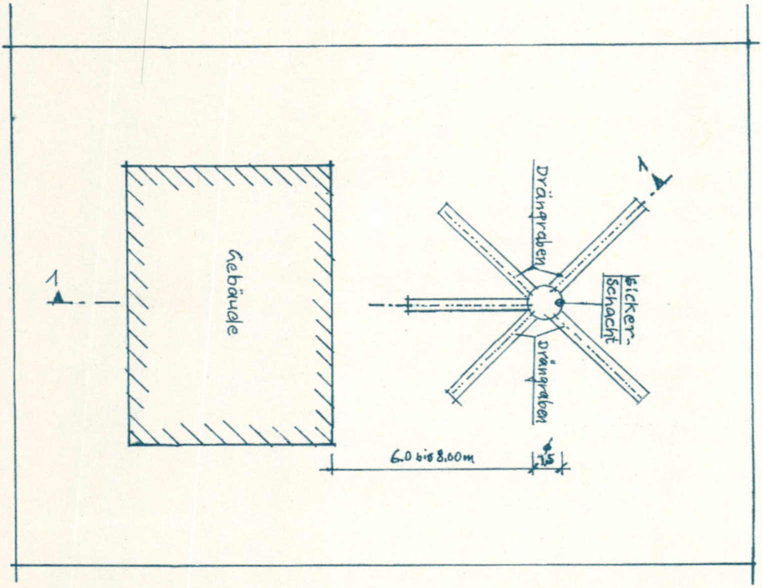

Gebäude

Drängraben

Sicker-schacht

Drängraben

6.0 bis 8.00m

Abb. 6b Querschnitt

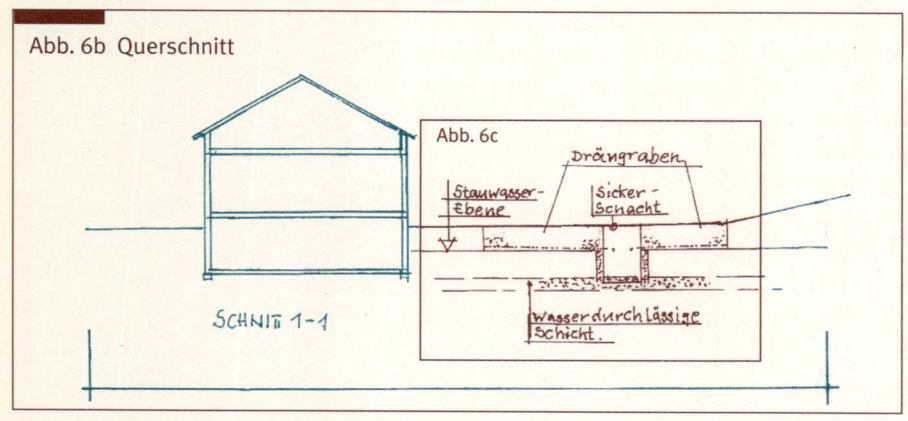

SCHNITT 1-1

Abb. 6c

Stauwasser-Ebene

Drängraben

Sicker-Schacht

Wasserdurchlässige Schicht.

1

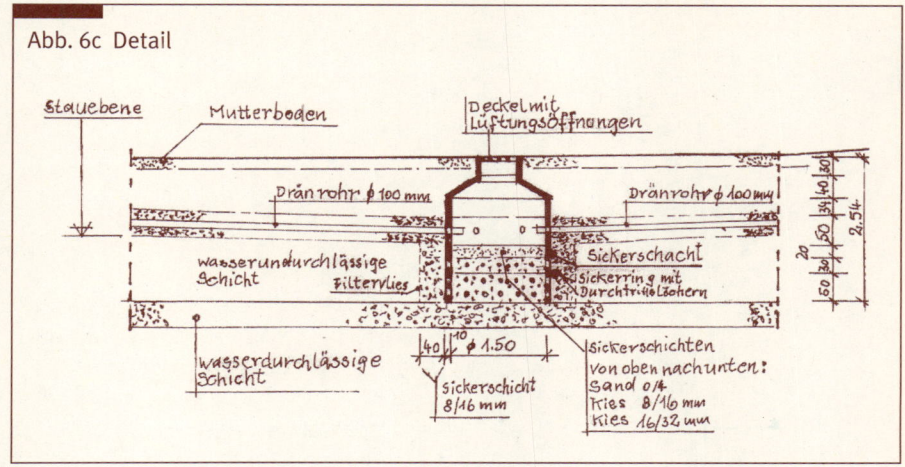

Abb. 6c Detail

und mit einem Filtervlies gegen Erdreich abzudecken. Außerdem sind im Inneren des Filterschachtes Sickerschichten
gemäß Zeichnung (⤑ Abb. 6c) einzubringen.
Durch einen Geologen können Sie den Standort, den Schachtdurchmesser und die Schachttiefe bestimmen lassen.

Sanierung von Innenwandflächen

Nach erfolgreicher Reduzierung der Wasserzuleitung durch
die schon genannten Maßnahmen ist insbesondere bei fehlender vertikaler Außenabdichtung zu erwarten, dass eine
gewisse Restfeuchte im Mauerwerk dauerhaft verbleibt.
Wollen Sie diese Räume nur gelegentlich als Gästezimmer
oder Hobbyraum nutzen, können die betroffenen Wandbereiche zur Reduzierung der Feuchtigkeit mit verschiedenen
Oberflächen hergestellt werden. Unsere Vorschläge zeigen
relativ kostengünstige Möglichkeiten auf.

**Restfeuchte
im Mauerwerk**

Sanierputz

Mauerwerk, das oft feucht ist, ist in der Regel mit verschiedenen Salzen belastet. Diese Salze werden an die Wandoberfläche transportiert und erzeugen dadurch Schäden am Innenputz der Räume. Es entstehen Ausblühungen und teilweise Aufwölbungen und schließlich Abplatzungen im Putz. In solchen Fällen hat sich die Verwendung von Sanierputz hervorragend bewährt.

Die Vorteile eines Sanierputzes liegen darin, dass es sich um einen sogenannten Luftporenbildner handelt. Sanierputze können mit ihren großen Luftporen längere Zeit Salze aufnehmen, ohne dabei schadhaft zu werden bzw. sich im Aussehen negativ zu verändern. Normaler Innenputz hingegen ist durch sein enges Gefüge dazu nicht in der Lage, ohne dass sich das Volumen vergrößert und zu den genannten Putzschäden führt.

Einsatz von Trocknungsgeräten

Um den erforderlichen Abbindeprozess eines Sanierputzes zu erreichen, ist bei stark durchfeuchtetem Mauerwerk der Einsatz von Trocknungsgeräten vor Aufbringen des Putzes anzuraten.

Eignung

Sanierputz kann auf Innen- und Außenflächen von feuchtem und salzhaltigem Mauerwerk aufgebracht werden, bei Außenflächen allerdings erst ab Oberkante Terrain.

Ausführung

Durch Salze beschädigte Altputze müssen bis mindestens 80 cm über die Feuchte- bzw. Ausblühungszone hinaus entfernt werden. Kratzen Sie mürbe Fugen aus und reinigen Sie das Mauerwerk gründlich mit einem Stahlbesen. Je nach Erfordernis wird die Wandfläche vorgenässt. Bei glattem Mauerwerk sollte ein Spritzbewurf als Haftbrücke aufgetragen werden. Auf die Haftbrücke bzw. direkt auf das Mauerwerk kommt dann ein Porengrundputz. Nach

1

dem Ansteifen wird die Oberfläche aufgeraut und nach ca. 7 Tagen der Sanierputz aufgetragen. Die Oberfläche kann abgefilzt oder strukturiert werden. Der Anstrich sollte mit kunststofffreier Kalk-, Dispersions- oder im Außenbereich mit Silikatfarbe erfolgen. Richten Sie sich auf jeden Fall nach den Herstellervorschriften und WTA-Merkblättern (----> Glossar, Seite 145 ff.).

Eine Voruntersuchung über die Feuchtigkeitsursachen und den Salzgehalt des Mauerwerks sollte unbedingt anhand einer Bauzustandsanalyse durch einen erfahrenen Architekten oder Sachverständigen durchgeführt werden. Diese sollten ebenfalls befragt werden, ob die Maßnahmen nach der Fachberatung durch den Hersteller vom Hausbesitzer selbst durchgeführt werden können oder an Fachleute übergeben werden sollten.

Tipp

Kalzium-Silikat-Platten

Bei der Herstellung dieser Platten werden poröse Kalksilikate mit Zellstoff vermischt und mit Wasserdampf gehärtet. Sie sind dampfdiffusionsoffen und kapillaraktiv. Hierdurch können sie 250 % ihres Eigengewichts an Feuchtigkeit speichern, auf die gesamte Wandfläche verteilen und schnell wieder austrocknen – damit ist stets eine trockene Wandoberfläche gewährleistet, vorausgesetzt, dass der Raum regelmäßig gelüftet wird.

Durch hohe Alkalität mit einem ph-Wert von 10,5 bis 14,0 besteht keine Gefahr von Schimmelbildung.

Kalzium-Silikat-Platten gehören zur Wärmeleitgruppe WLG 060. Dies besagt, dass bei einer Innendämmung von nur 25 mm der Wärmeverlust einer 24 cm starken Ziegelwand um 45 % reduziert wird.

Plattenstärke: 20, 25, 30 und 50 mm.

Anwendung

Lassen Sie sich von einem Sachverständigen oder erfahrenen Handwerksmeister bestätigen, dass Sie die Arbeiten nach entsprechender Einweisung in Eigenleistung durchführen können!

Prüfung der Mauerwerksfläche

Die Mauerwerksfläche als Untergrund muss eben, tragfähig, frei von Schmutz und trennenden Substanzen sein und ist auf Eignung zu prüfen. Bei Unebenheit ist eine Ausgleichsspachtelung erforderlich. Ein Vornässen ist nicht notwendig.

Das Auftragen des Klebespachtels erfolgt mittels Zahnspachtel sowohl auf den Untergrund als auch auf die Stoßkanten der Platten. Danach werden die Platten angesetzt, gut angedrückt und mit Richtscheit ausgerichtet.

Bereits 24 Stunden nach dem Einbau der Kalzium-Silikat-Platten kann die Oberfläche gestaltet werden.

Anstriche

Die Plattenflächen werden mit einer Schlämme aus 1 Teil Wasser und 3 Teilen Klebespachtel mit einem Quast überarbeitet, es entsteht eine leicht körnige Oberfläche.

Darauf folgt der Farbauftrag mit diffusionsoffener Kalk-, Dispersions- oder Silikatfarbe nach Herstellerangabe.

Verbrauch ca. 0,5–1,0 kg/m^2.

Tapezieren

Die Plattenflächen werden mit 1 Teil Tapetengrund und 1 Teil Wasser grundiert, das heißt, gleichmäßig aufgesprüht oder mit einem Quast aufgetragen.

Verbrauch ca. 0,5 l/m^2, entsprechend 0,25 l/m^2 Tapetengrund.

Es dürfen nur diffusionsoffene, leichte Papier- oder Glasgewebetapeten Verwendung finden, Kunststofftapeten oder Raufaser sind nicht geeignet.

Für einen Farbauftrag bieten sich ausschließlich diffusions-

offene Farben wie kunststofffreie Kalk-, Dispersions- oder Silikatfarben an, Latexfarben eignen sich nicht.

Putze
Kalzium-Silikat-Platten können auch mit diffusionsoffenen, mineralischen Spritz- oder Dünnputzen beschichtet werden. Dabei sind die Herstellervorschriften zu beachten.

Nachträgliche Abdichtungsmaßnahmen

Die Entscheidung für eine umfassende Abdichtungsmaßnahme hängt wesentlich von der Art und der Nutzung des Gebäudes ab.
Beim nicht unterkellerten Gebäude mit fehlender oder schadhafter Horizontalsperre kann eine nachträgliche Abdichtungsmaßnahme sinnvoll und relativ kostengünstig sein.
Beim voll unterkellerten Haus ist entscheidend, ob Sie beabsichtigen, im Keller Räume wohnlich zu nutzen. Nach Nutzungsklasse „A" sind hier keine Feuchtestellen an der Bauteiloberfläche zulässig.
Je nach Landesbauordnung wird eine lichte Mindestraumhöhe zwischen 2,30 bzw. 2,40 m gefordert.

Mindestraumhöhe

Ist diese Voraussetzung gegeben, müssen Sie weiterhin prüfen lassen, ob Wärmeschutzmaßnahmen erforderlich werden, um den heutigen bau- und energierechtlichen Anforderungen entsprechen zu können.
Wichtige Aspekte sind die Kostenfrage und die Wahl des geeigneten Verfahrens. Hier ist zu empfehlen, vor Beginn einer Maßnahme einen Architekten, Bausachverständigen oder erfahrenen Handwerksmeister einzubeziehen, der eine Kostenschätzung und die detaillierte Planung der vorgesehenen Maßnahme vornimmt.

Im Folgenden werden die zurzeit wesentlichen Verfahren kurz vorgestellt.

Horizontale Abdichtungen

Injektionsverfahren

Für die Herstellung einer nachträglichen horizontalen Abdichtung, insbesondere von Umfassungswänden, wird unter den auf dem Markt angebotenen Möglichkeiten das **Injektionsverfahren** am häufigsten angewendet. Es gibt zwei Möglichkeiten: Entweder wird mit Druck gearbeitet oder – die preiswertere Variante – drucklos.

Abb. 7 Nachträgliche Horizontalabdichtung vom Mauerwerk bei aufsteigender Mauerfeuchtigkeit mit vertikaler Außenabdichtung

Abb. 7a Unterkellerter Altbau (Schnitt Keller Außenwand)

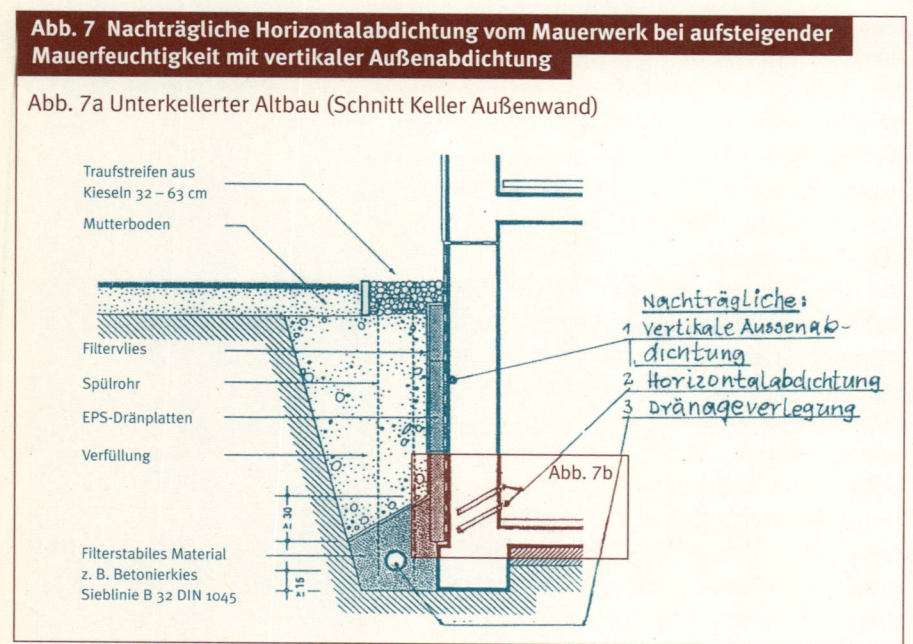

Traufstreifen aus Kieseln 32 – 63 cm

Mutterboden

Filtervlies

Spülrohr

EPS-Dränplatten

Verfüllung

Filterstabiles Material z. B. Betonierkies Sieblinie B 32 DIN 1045

Nachträgliche:
1 Vertikale Aussenabdichtung
2 Horizontalabdichtung
3 Dränageverlegung

Abb. 7b

Abb. 7b Detail

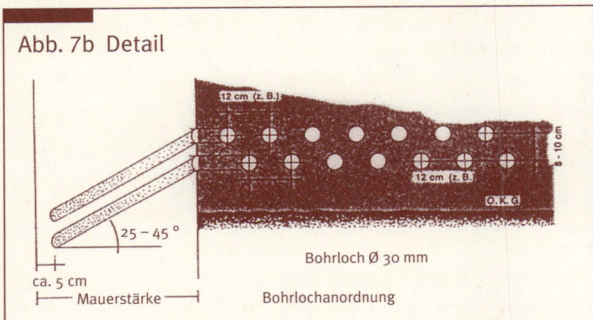

Bohrloch Ø 30 mm

Bohrlochanordnung

Bei zweireihiger Anordnung der Bohrlöcher ist es erforderlich, die obere Bohrlochreihe erst nach dem Schließen der unteren Bohrlochreihe zu bohren (Statik). Erhärten des Verfüllmörtels abwarten!

Abb. 7c Nicht unterkellerter Altbau

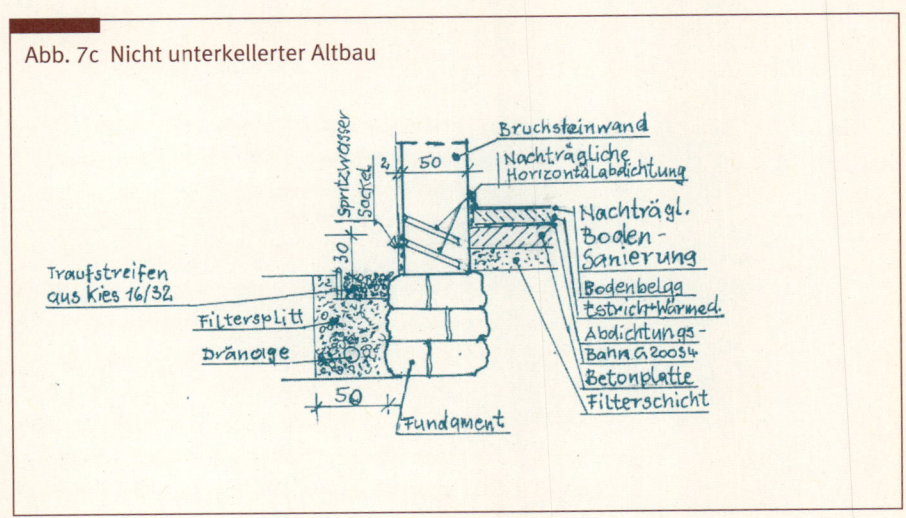

Für die Wahl des geeigneten Injektionsverfahrens ist eine Bauzustandsanalyse notwendig. Das Injektionsverfahren kann sowohl von innen als auch von außen durchgeführt werden. (⸱⸱⸱> Abb. 7, Seite 42/43, und Abb. 8).

In der Regel wird nach dem Herstellen einer einfachen oder zweifachen Bohrlochreihe, mit Bohrabständen von 10 bis 12 cm, ein Injektionsmittel, z. B. Alkalisilikatlösung in Kombination mit Alkalimethylsiliconatlösung, in die Bohrlöcher eingebracht. Dies kann mittels Druckinjektion oder durch drucklose Injektion erfolgen.

Bei durchgängiger Verteilung der Lösung werden im Mauerwerk die Porenräume verkleinert und die verbleibenden Porenräume hydrophobiert, d. h., die Kapillarwirkung des Mauerwerks, die ein Aufsteigen der Feuchtigkeit ermöglicht, wird unterbunden.

Tipp Bei der Anwendung dieser Lösungsmittel sollten Sie das Mauerwerk auf Salzgehalt prüfen lassen.
Bei zu hohem Salzgehalt ist ein anderes Produkt, wie z. B. Silikonmikroemulsion, zu wählen, weil die zuerst vorgeschlagene Produktkombination im Mauerwerk wasserlösliche Salze bildet.

Die Injektion ist nur durchführbar, wenn durch Feuchtemessung sichergestellt ist, dass der Durchfeuchtungsgrad des Mauerwerks zu diesem Zeitpunkt nur 50 bis max. 60 % beträgt. Liegt der Feuchtegehalt höher, muss mit einer Trocknungsmaßnahme der Feuchtegehalt entsprechend reduziert werden. Dazu werden in die Bohrlöcher Heizstäbe eingeführt, die über einen gewissen Zeitraum das umliegende Mauerwerk erwärmen und dadurch die Feuchtigkeit verdunsten.

Für die Ausführung sollten nach Möglichkeit drei erfahrene Fachfirmen Angebote einreichen (Referenzliste anfordern). Die Referenzen und Angebote sollten von einem neutralen Experten sachlich und rechnerisch geprüft werden.

Abb. 8 Nachträgliche Vertikalabdichtung im Sockelbereich mit gleichzeitiger Horizontalabdichtung

Abb. 8a Unterkellerter Altbau (Schnitt Keller Außenwand)

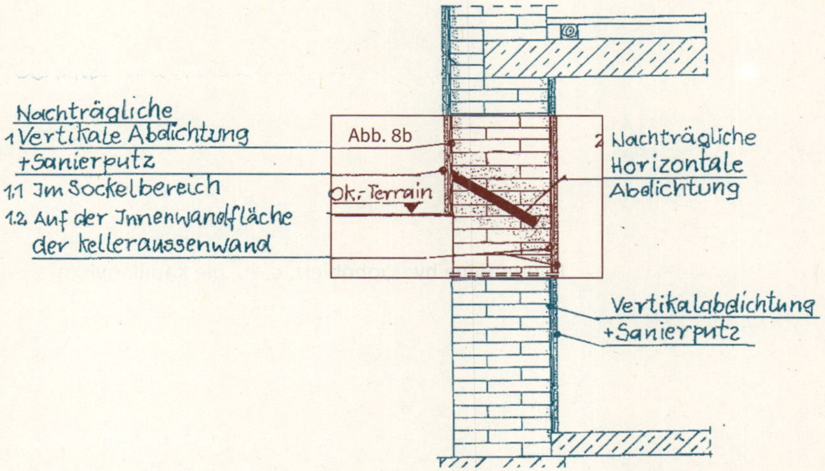

Nachträgliche
1 Vertikale Abdichtung
+ Sanierputz
1.1 Im Sockelbereich
1.2 Auf der Innenwandfläche
der Kelleraussenwand

Abb. 8b

Ok.-Terrain

2 Nachträgliche
Horizontale
Abdichtung

Vertikalabdichtung
+ Sanierputz

Abb. 8b Detail

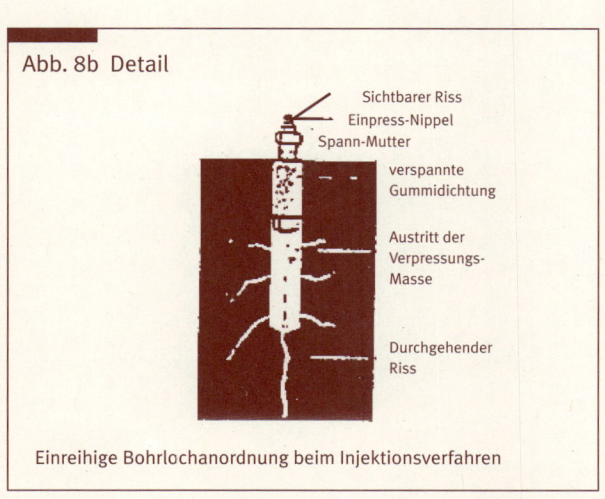

Sichtbarer Riss
Einpress-Nippel
Spann-Mutter

verspannte
Gummidichtung

Austritt der
Verpressungs-
Masse

Durchgehender
Riss

Einreihige Bohrlochanordnung beim Injektionsverfahren

Vor dem Erteilen des Zuschlags ist durch ein Fachgespräch die Kompetenz des Anbieters zu prüfen. Dazu gehört, dass die Eignung des angebotenen Injektionsmittels für die konkrete Situation (ggf. durch den Hersteller) nachgewiesen werden kann.

Hinweis Vergleichen Sie dazu das WTA-Merkblatt 4.4.96 der Wissenschaftlich-Technischen Arbeitsgemeinschaft für Bauwerkserhaltung und Denkmalpflege e. V. in München.

Handelt es sich um Bruchsteinaußenwände von 50 bis 60 cm Wandstärke, ist durch eine Bohrprobe festzustellen, ob es sich um ein homogenes Mauerwerk handelt.
Bei Hohlräumen müssen die Bohrlöcher mit Trasszement-Suspension vorgefüllt werden, um die Hohlräume zu schließen. Erst danach erfolgt die eigentliche Injektion.

Die weiteren Verfahren zur nachträglichen Herstellung einer Horizontalsperre im Mauerwerk sind aufwändiger als das Injektionsverfahren und verursachen höhere Kosten.

Mauerwerksunterfangung
Das Prinzip: Das Mauerwerk wird in Abschnitten von ca. 1,00 m Länge aufgebrochen und entsorgt, eine geeignete Dichtungsbahn eingebracht, danach wieder mit geeigneten Steinen ausgemauert und kraftschlüssig zwischen altem und neuem Mauerwerk unterkeilt. Damit wird zwischen beidem eine feste Verbindung hergestellt, wodurch die im Mauerwerk durch Eigengewicht und Auflast von Decken vorhandenen Vertikalkräfte keine Risse oder Setzungen **Kostenaufwändig,** verursachen können. Aber: Das ist kostenaufwändig, da **weil Handarbeit** nur Handarbeit möglich ist. Das Kellermauerwerk muss von außen freigelegt werden. Dies gilt auch für die beiden folgenden Verfahren.

1

Mauertrennung im Sägeverfahren
Nach dem Aufsägen des Mauerwerks in entsprechenden
Abschnitten wird in den jeweils entstandenen horizontalen
Schlitz eine Dichtungsbahn eingebracht und der Säge-
schnitt nachträglich kraftschlüssig verkeilt und verpresst.

Mauertrennung durch Einrammen von Edelstahlblechen
In durchgehende Lagerfugen des Mauerwerks werden Edel-
stahlbleche als Horizontalsperre unter hohem Druck einge-
rammt. Die dadurch erzeugten Erschütterungen können zu
Rissen und größeren Schäden im Mauerwerk führen.

Elektrophysikalische Mauerentfeuchtung durch Funkwellen
Nach Darstellung der diversen Hersteller senden die Geräte elektromagnetische Wellen aus. Dass die damit erzeugten schwachen elektromagnetischen Felder einen
mauertrocknenden Effekt haben sollen, entspricht nach
unseren Erkundigungen nicht gesicherter wissenschaftli-
cher Erkenntnis. Die vom Hersteller angedeuteten Theorien
können wir mit unseren physikalischen Kenntnissen nicht
nachvollziehen. Im Bauwesen ist es üblich, die technische
Eignung durch Bescheinigung einer anerkannten Prüfstelle
nachzuweisen, die in der Regel nicht vorliegt.
Das Verfahren der Mauerentfeuchtung durch Funkwellen
darf mit dem Verfahren der **Elektro-Osmose** nicht gleichge-
setzt werden, die auf einem nachgewiesenen physikalischen
Effekt beruht. Die Elektro-Osmose erfordert ins Mauerwerk
eingelassene Gleichstromelektroden. Die praktische Anwendung zur Mauertrockenlegung hat allerdings mit erheblichen
technischen Problemen zu kämpfen (z. B. Korrosion der
Elektroden, zu geringe Spannung, zu hohe Salzbelastung).
An der Technischen Universität Wien und an der Eidgenös-
sischen Technischen Hochschule Zürich wurden Versuche
mit Funkwellengeräten diverser Hersteller durchgeführt,
bei denen sich keine Wirkung nachweisen ließ.

**Wissenschaftlich
nicht abgesichert**

Vertikale Abdichtungen

Außenabdichtung gegen Bodenfeuchtigkeit und nicht drückendes Wasser

Eine Außenabdichtung ist zwar die aufwändigste, aber auch die effektivste Abdichtungsmaßnahme.

Bei dieser Maßnahme wird das Eindringen von Feuchtigkeit über erdberührende Bauteile verhindert bzw. unterbunden.

Eine nachträgliche Außenabdichtung im Kellergeschoss erfordert in erster Linie die Freilegung der Außenwände durch eine geeignete Ausschachtungsmaßnahme.

Die Reinigung des Mauerwerks von anhaftendem Erdreich ist dringend geboten.

Ganz wichtig ist es, mit der Ausführung der Abdichtungsarbeiten erst zu beginnen, wenn das Mauerwerk genügend abgetrocknet ist. Dazu sollten Feuchtemessungen durchgeführt werden.

Tipp — Achten Sie darauf, diese Maßnahme in eine günstige, nämlich trockene Witterungsperiode einzuplanen.

Bei Altbauten, die mit Bruchsteinen gebaut wurden, ist ein Ausgleichsputz auf das Mauerwerk aufzubringen, um eine ebene Unterlage für das Auftragen der Abdichtung zu erhalten.

Die Ausführung der Außenabdichtung kann nach DIN 18195 geplant werden, jedoch können auch nach dem Stand der Technik kunststoffmodifizierte Bitumendickbeschichtungen oder kalt selbstklebende Bitumen-Dichtungsbahnen ausgeführt werden. Beachten Sie hierbei die Herstellervorschriften.

Herstellervorschriften beachten

Die Abdichtung ist durch eine Schutzschicht vor mechanischen Beschädigungen zu schützen. Dieser Anfüllschutz kann durch Noppenbahnen oder Sickerplatten erfolgen. In beheizten Kellern ist das Anbringen von Dränageplatten, die gleichzeitig als Perimeterdämmung dienen, in einer Stärke von ca. 8 bis 12 cm sinnvoll.

Abdichtung bzw. Sanierung des Spritzwassersockels

Unter Spritzwassersockel versteht man die Mauerwerks-Außenfläche vom anstehenden Erdreich oder der Belags-oberkante bis auf mindestens 30 cm Höhe der Wandfläche. Wie die Wortverbindung besagt, handelt es sich hier um den stets gefährdeten Sockelbereich, der beim Auftreffen des Regenwassers auf den Außenbelag durch Hochsprit-zen vermehrt der Nässe ausgesetzt ist.

Auch durch fehlende oder nicht mehr funktionierende Feuchtigkeitssperren (Abdichtungen) dringt Feuchtigkeit ins ungeschützte Mauerwerk ein. Insbesondere bei Bruch-steinwänden kann diese Feuchtigkeit durch die soge-nannte Kapillarwirkung des Steingefüges in der Wand hochsteigen (aufsteigende Feuchte).

Mitgeführte gelöste Salze verursachen Ausblühungen auf der Putzoberfläche und zerstören so die Außenfarbe, den Außenputz und schädigen mitunter auch das Mauerwerk. Hygroskopische Feuchte entsteht dadurch, dass die im Mauerwerk eingelagerten Salze die Eigenschaft haben, Wasser aus der Luft aufzunehmen, was wiederum zu Aus-blühungen bei der Anwendung von üblichen Kalk- oder Kalk-zementputzen im Sockelbereich führt (⸱⸱⸱⤍ Abb. 9, Seite 50). Dies bedeutet: Die Wasseraufnahme durch Salze führt zur Volumenvergrößerung der Salzeinlagerungen im Putz. Übliche Kalk- bzw. Kalkzementputze werden durch diese Volumenvergrößerungen im Gefüge zerstört. Durch die so-genannte Sprengwirkung erleiden sie Abplatzungen.

Nur Sanierputze sind als „Luftporenbildner" resistent ge-genüber dieser hygroskopischen Feuchteeinwirkung der Salze. Die vorhandenen Luftporen im Putzgefüge können auf längere Zeit die im Volumen vergrößerten Salze einla-gern, ohne dabei Schaden zu nehmen.

Spritzwassersockel mindestens 30 cm hoch

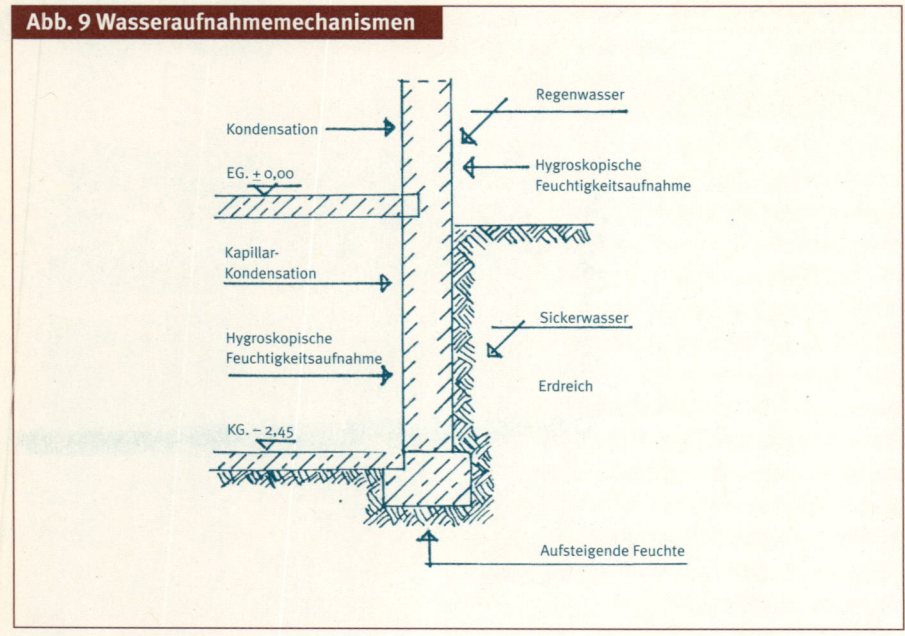

Abb. 9 Wasseraufnahmemechanismen

Kondensation

Regenwasser

EG. ± 0,00

Hygroskopische
Feuchtigkeitsaufnahme

Kapillar-
Kondensation

Hygroskopische
Feuchtigkeitsaufnahme

Sickerwasser

Erdreich

KG. – 2,45

Aufsteigende Feuchte

Gleichzeitig wird durch einen chemischen Prozess das in den Salzen gebundene Wasser an die Außenoberfläche des Sanierputzes transportiert und kann dort verdunsten. Dieser Feuchtetransport wird nur dadurch ermöglicht, dass Sanierputz ein dampfdiffusionsoffenes Gefüge hat.

Den Kalkzementputzen fehlt diese Eigenschaft. Sie haben ein sehr dichtes Gefüge und wirken somit wasserabweisend. Diese Putze eignen sich besonders gut als Sockelputze bei Neubauten.

Für den Sanierungsfall bei Altbauten sind diese Putze ungeeignet, weil sie die im Mauerwerk vorhandene Feuchtigkeit nicht nach außen entweichen lassen (---> Abb. 10).

Abb. 10 Sanierputz

Die folgenden Bilder zeigen, wie der Putz nach jedem Arbeitsgang aussehen muss. Die angegebenen Mindeststärken sind unbedingt einzuhalten.

Spritzbewurf 1
als geschlossene, deckende
Schicht
Körnung: ca. 0-7 mm

Grundputz 2
Stärke: mind. 15 mm
Körnung: ca. 0-7 mm

Sanierputz 3
Stärke: mind. 5 mm
Körnung: ca. 0-3 mm

Sanierungsmaßnahme / Abdichtung

Als wirksame Maßnahme hat sich aus den zuvor genannten Gründen die Anwendung eines Sanierputzes im Sockelbereich bewährt.

Nach Möglichkeit ist dieser Putz mindestens 2-lagig in einer Stärke von 25 mm aufzutragen, d. h., die erste Lage ist ein Porengrundputz, die zweite der Sanierputz.

Dieser wird mit einer Mineralfarbe (Silikatfarbe) gestrichen und nachträglich hydrophobiert, also mit einem wasserabweisenden Mittel überstrichen.

Vertikale Innenabdichtungsmaßnahmen auf Kelleraußenwänden

Bei fehlender vertikaler Außenabdichtung ermöglicht eine nachträgliche vertikale Innenabdichtung weiterhin das Eindringen von Feuchtigkeit aus dem seitlich anstehenden Erdreich in das Mauerwerk und ist nur eine Notlösung.

Bei der Ausführung einer Innenabdichtung entfällt die innere Wandfläche als Verdunstungsfläche, wodurch die Feuchtigkeit bis in den Sockelbereich bzw. in die Erdgeschosswand aufsteigen kann und somit zusätzliche Bauteile belastet werden. Dies geschieht aber nur dann, wenn keine Horizontalabdichtung im Kellergeschossmauerwerk unter der Kellerdecke vorhanden ist oder nachträglich geschaffen werden kann.

Demzufolge ist nur in Ausnahmefällen eine Innenabdichtung vorzunehmen, insbesondere dann, wenn eine Außenabdichtung durch natürliche Hindernisse nicht durchführbar ist, z. B. bei einem Reihenhaus.

Hinweis Auch wenn eine Innenabdichtung kostengünstiger ist und zu jeder Zeit durchgeführt werden kann, steht die Außenabdichtung vor der Innenabdichtung.

Alternativ können statt einer Innenabdichtung ein **Sanierputz oder Kalzium-Silikat-Platten** aufgebracht werden. Hierbei kann durch Verringerung der Wandfeuchte eine bessere Nutzung des Raumes erzielt werden. Eine wirkliche Abdichtung gegen Feuchtigkeit von außen ist auf diese Weise nicht möglich.

Es wurde bereits darauf hingewiesen, dass nur in besonderen Fällen eine Innenabdichtung durchgeführt werden soll. Eine solche Maßnahme setzt außerdem voraus, dass eine Horizontalsperrschicht unter der Kellerdecke vorhanden ist, eine geringe Menge von Kondensatfeuchte auf der

1

Wandoberfläche vertretbar ist und der Raum nicht beheizt wird.

Für die Ausführung einer vertikalen Innenabdichtung werden mineralische Dichtungsschlämme empfohlen, die eine Verkieselung in der Wandoberfläche bewirken.

Die erforderliche Mindeststärke der Dichtschlämme ist entsprechend der Vorgaben der Verarbeitungsrichtlinien der Hersteller und der Zulassungsbeschreibung zu wählen. Ansonsten gelten die Vorgaben von DIN 18195 zu Bauwerksabdichtungen. Bei zusätzlichem Auftragen von Sanierputz oder Kalzium-Silikat-Platten ist die Kondensatfeuchte unwirksam.

Dränmaßnahmen

Wann ist eine Dränung nötig?

1. Soll vermieden werden, dass Sickerwasser, Schichtwasser oder Stauwasser am Bauwerk zu drückendem Wasser werden, ist eine Dränung vorzusehen.
2. Bei schwach durchlässigen und bindigen Böden ist eine Dränung sinnvoll. Sie bewirkt, dass anfallendes Wasser nicht angestaut wird und somit kein Druckwasser entsteht. Voraussetzung ist jedoch, dass die Ableitung des anfallenden Wassers gesichert ist.
Unter schwach durchlässigen und bindigen Böden versteht man z. B. Böden mit einem Korn ⌀ 0,01 bis 0,05 mm schwach durchlässige Sande und Schluffe, sehr feine Sande als bindige Böden haben ein Korn ⌀ 0,0001 bis 0,01 mm.
3. Bei Hanglage ist immer eine Dränung vorzusehen, unabhängig davon, ob der umgebende Boden wasserdurchlässig ist oder nicht.

Wann ist eine Dränung nicht nötig?

1. Bei Bodenfeuchtigkeit in sickerfähigen, wasserdurchlässigen, nicht bindigen Böden kann auf eine Dränung verzichtet werden.
2. Betonbauwerke oder Betonbauteile, die teilweise oder vollständig im Erdreich eingebunden sind und in wasserundurchlässiger Bauweise ohne zusätzliche Außenabdichtung erstellt werden, können ebenfalls auf jegliche Dränung verzichten.

Welche Dränage-Ausführungen gibt es?

Ringdränage

Bei nachträglichen vertikalen Bauwerksabdichtungen
gegen Erdreich ist es sinnvoll, als begleitende Maßnahme
eine Dränage einzubauen. Üblicherweise wird die Dränageleitung von einem Hochpunkt ausgehend in zwei Fließrich-
tungen mit ca. 0,5 % Gefälle in unmittelbarer Nähe der
Fundamente wie ein Ring um das Gebäude herumgeführt
und an den Sammelschacht angeschlossen.

**Anschluss
an Sammelschacht**

Von hier kann das Dränwasser einem Sickerschacht zugeleitet werden. Bei der Einleitung in einen Regenwasserkanal
ist ein Revisionsschacht vorzusehen. Zur Verhütung von
Rückstau aus dem Kanal wird der Einbau einer Rückstauklappe in den Revisionsschacht empfohlen. Das Dränrohr
wird in eine ca. 15 cm starke Filterschicht eingebettet. Vom
Hochpunkt beginnend, wird das Dränrohr auf Kellersohlen-
höhe bis zum Tiefpunkt (ca. 20 cm darunter) verlegt, jedoch nicht bis unter die Fundamentsohle (┈┈> Abb. 11).

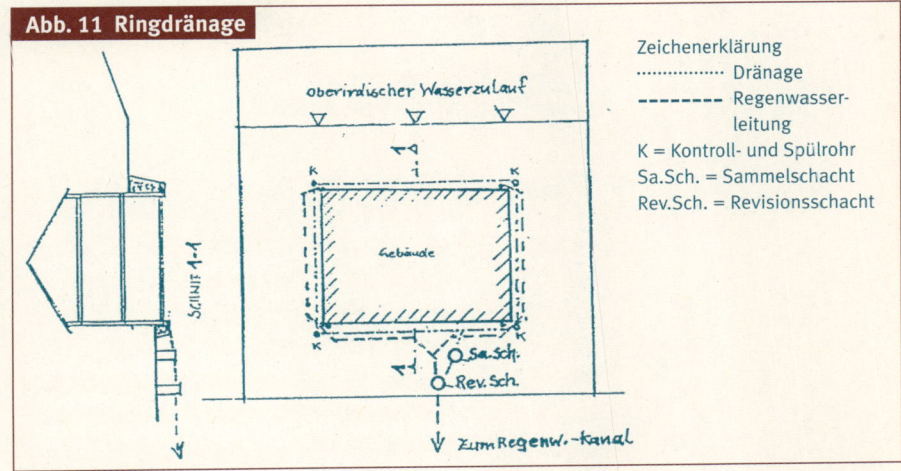

Abb. 11 Ringdränage

Zeichenerklärung
·············· Dränage
-------- Regenwasser-
leitung
K = Kontroll- und Spülrohr
Sa.Sch. = Sammelschacht
Rev.Sch. = Revisionsschacht

Bei **gegliederten Gebäudegrundflächen** muss der Dränrohrverlauf nicht streng den äußeren Linien des Gebäudes folgen, sondern kann auch einem strömungsgünstigeren Verlauf Rechnung tragen.

Wichtig ist dabei, an allen Ecken beziehungsweise Richtungsänderungspunkten ein Spülrohr mit einem Durchmesser von mindestens 300 mm anzuordnen. Der maximale Abstand untereinander soll in der Länge 50 m nicht übersteigen (····⟩ Abb. 12).

Abb. 12 Ringdränage bei gegliederter Gebäudegrundfläche

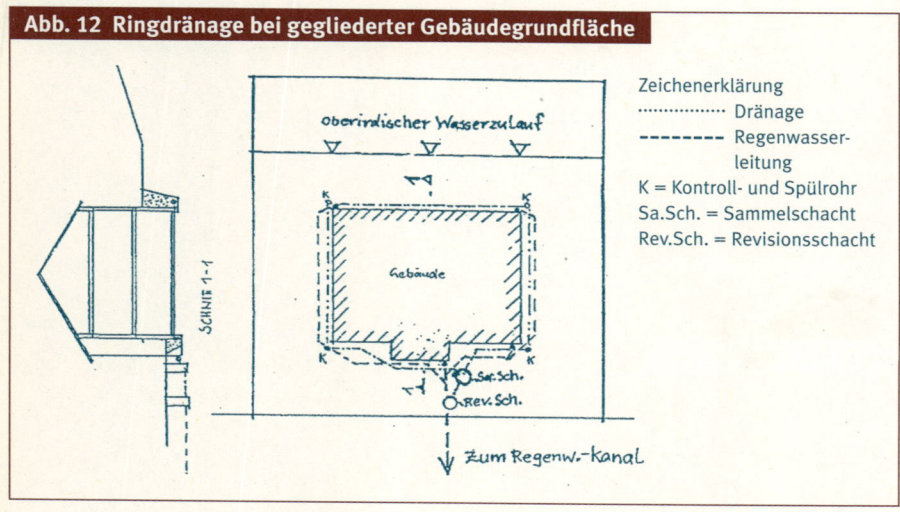

Zeichenerklärung
·············· Dränage
--------- Regenwasserleitung
K = Kontroll- und Spülrohr
Sa.Sch. = Sammelschacht
Rev.Sch. = Revisionsschacht

Senkrechte Dränschichten

Beim Herstellen einer Ringdränage, insbesondere bei unterkellerten Bauwerken, ist der beim Ausschachten entstandene Arbeitsraum mit einem Sand-Splitt-Gemisch zu verfüllen. Die dadurch entstandene **Sickerschicht** soll das vor dem Gebäude anfallende Oberflächenwasser (Regen, Schneeschmelzwasser etc.) flächig aufnehmen und nach unten zur Ringdränage ableiten.

Materialien:

- **Mischfilter** der Körnung 0/32 mm der Sieblinie B 32
  DIN 1045 und darauf Körnung 0/8 mm.
  Mindestdicke 50 cm (----> Abb. 13, Seite 58)

- **Stufenfilter** mit Sickerschicht Körnung 4/16 mm DIN
  4226, T.1 und zum Erdreich hin Filterschicht Körnung
  0/4 mm DIN 4226, T.1.
  Mindestdicke 20 cm + 10 cm

- Bei der Wahl von Stufenfilter 8/16 ist ein Filtervlies
  gegen das Erdreich einzubringen.
  Mindestdicke 20 cm (----> Abb. 13, Seite 58)

- Bei der Verwendung von **Dränplatten** aus z. B. extru-
  diertem Polystyrolhartschaum, punktweise auf die
  Feuchtigkeitsabdichtung aufgeklebt, gegen Erdreich geschützt durch ein Filtervlies, kann ca. ¾ des Arbeitsraums mit Füllmaterial geschlossen werden. Nur im
  Nahbereich des Dränrohres ist Betonierkies einzubringen (----> Abb. 14, Seite 59).

Abb. 13 Filtersysteme für senkrechte Dränschichten

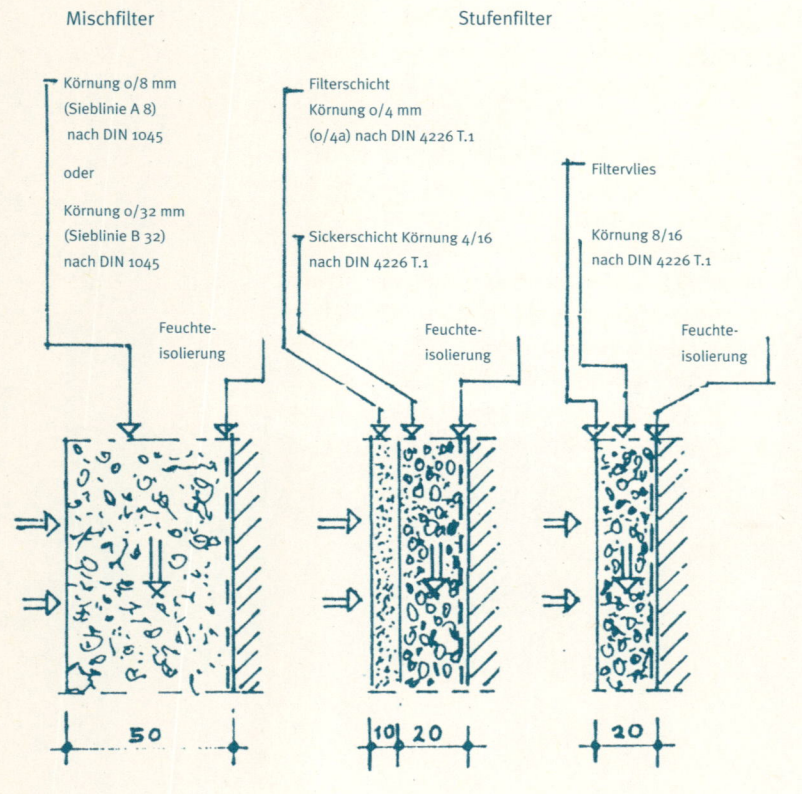

Mischfilter

Körnung 0/8 mm
(Sieblinie A 8)
nach DIN 1045

oder

Körnung 0/32 mm
(Sieblinie B 32)
nach DIN 1045

Feuchte-
isolierung

50

Stufenfilter

Filterschicht
Körnung 0/4 mm
(0/4a) nach DIN 4226 T.1

Sickerschicht Körnung 4/16
nach DIN 4226 T.1

Feuchte-
isolierung

10 20

Filtervlies

Körnung 8/16
nach DIN 4226 T.1

Feuchte-
isolierung

20

Senkrechte Dränschichten in herkömmlicher Ausführung mit
Kies- und Kiessandschicht vor der vertikalen Feuchteisolierung
der Außenwände

Abb. 14 Anwendung von Dränplatten

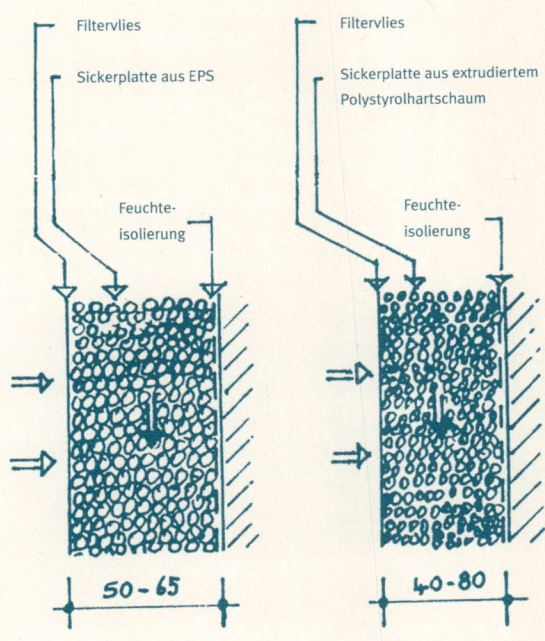

Unbelastete Drändicken

Senkrechte Dränschichten aus Kunststoff-Dränplatten
(Dränelemente)

Verstopfung einer bestehenden Ringdränage

Bei Verstopfung einer Ringdränage ist eine Fachfirma zu beauftragen, die mit einer sogenannten Druckspülung die Leitung von Sand und Erde befreit. Danach sollten die ge-

Fachgerechte Überprüfung
reinigten Dränrohre mit einer Endoskopie-Kamera auf Schadhaftigkeit überprüft werden.

Um eine Druckspülung durchführen zu können, muss mindestens an einer Hausecke die Dränageleitung freigelegt werden.

Nach dem Feststellen der weiteren Funktionstüchtigkeit der Dränage ist es ratsam, mindestens an der freigelegten Stelle ein vertikales Stichrohr auf die Dränage aufzusetzen, das bis zur Oberkante Erdreich hochführt und mit einer Verschlusskappe versehen wird.

Damit ist die Verbindung zur Dränage hergestellt, wodurch mindestens alle 2 Jahre eine Kontrolle bzw. ein Spülvorgang ausgeführt werden können, ohne Ausschachtungsarbeiten vornehmen zu müssen.

Ist eine Verstopfung der Ringdränage durch das Eindringen von Wurzelwerk verursacht, ist das Freilegen des betroffenen Dränagebereichs unumgänglich.

Fehlende Filterschicht

Bei fehlender Filterschicht unter der Bodenplatte können die empfohlenen Alternativmaßnahmen Injektionen (⸱⸱⸱⸱› Seite 42) und Mauerwerksunterfangung (⸱⸱⸱⸱› Seite 46) ebenfalls wirksam sein.

Ein nachträgliches Einbringen der fehlenden Filterschicht ist nur bei umfangreichen Sanierungsmaßnahmen sinnvoll, wie zum Beispiel bei einer Fußbodenerneuerung.

Fußbodenerneuerung

Im Zuge einer totalen Fußbodenerneuerung ist im Erdgeschoss eines nicht unterkellerten Hauses oder im Kellergeschoss eines zum Wohnen genutzten Raumes folgende Vorgehensweise anzuraten:

- Entfernen der auf Sand verlegten Holzrippen eines Holzfußbodens einschließlich Bodenbelag
- Ausschachten der Sandschicht sowie des darunter befindlichen Erdreiches auf die notwendige Aufbauhöhe von ca. 40 cm
- Hierbei ist die Fundamenttiefe zu prüfen, da ein Aushub maximal bis zur Unterkante der Fundamente möglich ist
- Einbringen der Filterschicht, mit Baufolie abdecken
- Mit Trasszementmörtel Unebenheiten im Mauerwerk ausgleichen
- Nach Abbinden des Mörtels vertikale Abdichtung mit Schweißbahn G 200 S4 bis auf Fußbodenhöhe herstellen
- Betonboden in B 15 herstellen
- Horizontale Abdichtung mit Schweißbahn auf Betonboden herstellen
- Zementestrich auf Wärmedämmschicht herstellen
- Fußbodenbelag aufbringen nach Abbinden und Austrocknen des Estrichs nach 28 Tagen bei Temperaturen von mehr als + 5 °C.

> **Tipp**
>
> Bei fehlender horizontaler Abdichtung bietet von innen freigelegtes Mauerwerk im Fundamentbereich die Möglichkeit, ein nachträgliches Injektionsverfahren durchzuführen (⇢ Abb. 7c, Seite 42).

2

Schadenbeispiele aus der Praxis

Die folgenden Beispiele für Feuchtigkeitsschäden umreißen die Bandbreite von Undichtigkeiten an einem Haus, ob es der Außenputz ist, eine Wasserleitung, das Dach oder – besonders kritisch – Verbindungsstellen zwischen Wand und Dach oder Boden. Eine Potenzierung ergibt sich im Einzelfall, wenn mangelhafte Ausführung, Alter und heftiger Sturm und Regen zusammentreffen. Sie betreffen Gebäude aus den fünfziger, sechziger und siebziger Jahren. Die aufgezeigten Sanierungsmöglichkeiten beziehen sich auf die in diesem Zeitraum am häufigsten verwendeten Baumaterialien. Ältere oder jüngere Gebäude erfordern möglicherweise andere Vorgehensweisen und andere Materialien zur Sanierung.

Auch die speziellen Gegebenheiten auf Ihrem Grundstück, also der Grundwasserstand, mögliche Gefahren durch Schichtenwasser, das Vorhandensein und die Funktionsfähigkeit von Dränageleitungen oder Rückstausicherungen müssen bekannt sein oder untersucht werden.

Die Beispiele werden anhand von Bildern dokumentiert, die Ursachen werden erläutert und Sanierungsmaßnahmen genannt.

Hinweis

Unsere Beispiele dienen in erster Linie der Veranschaulichung. Die konkrete Sanierung setzt in der Regel ein Mindestmaß an Erfahrung voraus. Auch wenn Sie ein versierter Heimwerker sind, sollten Sie die notwendigen Arbeiten mindestens unter Begleitung und Kontrolle durch eine erfahrene und objektive Fachkraft durchführen, besser wäre es, die Ausführung einem Fachbetrieb zu überlassen.

Feuchteschaden am Außenputz (1)

Schadenursachen:

Fehlende Mauerabdeckung

Auf der ungeschützten Oberseite der Mauer sammeln sich im Laufe der Zeit Staub und Schmutz an. Bei Regen wird beides abgespült und hinterlässt unschöne Spuren. Die aufgebrachte Mörtelschicht wird ohne Abdeckung mit der Zeit rissig. Eindringendes Regenwasser hinterwandert den Außenputz und Frost sprengt den Putz ab.

Fehlende Vertikalabdichtung zur erdberührenden Seite im Bereich der Zufahrt

Durch den fehlenden Feuchteschutz an der erdberühren-den Seite der Mauer kann hier Feuchtigkeit eindringen und Schäden sowohl am Mauerwerk als auch am Außenputz bewirken.

Fehlender Spritzwassersockel

Der auch im Sockelbereich verwendete Außenputz ist der Beanspruchung durch Wassereinwirkung im Anschluss an den Hofbelag auf Dauer nicht gewachsen. Auch das kapil-lar aufsteigende Spritzwasser verursacht im Außenputz Schäden, wenn sich bei Frost das eingedrungene Wasser ausdehnt (Sprengwirkung).

Sanierungsmaßnahmen:

----⟩ Schadhaften Putz entfernen
----⟩ Belag der Zufahrt aufnehmen, ca. 1,0 m breit
----⟩ Durch Erdaushub die Stützmauer auf der Zufahrtseite (erdberührende Seite) freilegen
----⟩ Reinigen der Mauer durch gründliches Abbürsten der Erdreste
----⟩ Vertikale Abdichtung mit Bitumendickbeschichtung her-

Abb. 15

Objekt:
Stützmauer – Garagenzufahrt
Alter: ca. 30 Jahre

stellen und mit Noppenbahn gegen Beschädigung
schützen
----> Geeignetes Material einfüllen (Sand) und verdichten
----> Belag wieder herstellen
----> Lattenzaun demontieren, nachträglich wieder montieren
----> Mauerabdeckung mit vorgefertigten Abdeckplatten aus
z. B. Beton und mit einem seitlichen Überstand von
mind. 3 cm und beidseitigen Wassernasen in Trass-
zementmörtel verlegen
----> Äußere Fuge mit Kompriband putzbündig schließen
----> Außenputz als mineralischen Putz herstellen
----> Spritzwassersockel mit zementgebundenem Sperrputz
herstellen

Abb. 16

Objekt: **PKW-Garage**
Alter: ca. 30 Jahre

Feuchteschaden am Außenputz (2)

Schadenursachen:
Gleiche Ausführungsfehler wie in Beispiel 1
(Abb. 15).

Zusätzliche Fehlerquellen:
Das seitlich vorgeschobene Wellplattendach
der Nachbargarage führt zu einer verstärkten
Spritzwasserbelastung:
---> infolge eines fehlenden Wandanschluss-
    blechs und einer Pultfirstkappe des Well-
    plattendachs
---> infolge eines freien Regenrinnenauslaufs
    der betroffenen PKW-Garage
---> infolge eines Wechsels im Steinmaterial
    durch unterschiedliche Materialausdeh-
    nung.

Durch die Vielzahl von Fehlerquellen ist die
auf den Außenputz einwirkende Feuchtebelastung zu hoch. Die Bildung von Rissen im Putz
und Abplatzungen sind die Folgen.

Sanierungsmaßnahmen:
---> Außenputz entfernen und entsorgen, als
    mineralischen Putz wieder herstellen
---> Spritzwassersockel mit zementgebunde-
    nem Sperrputz herstellen
---> Seitlichen Wandanschluss mit Blechüber-
    hang in das Wellplattendach einarbeiten
---> In die Regenrinne eine seitliche Kappe ein-
    löten und Rinnenstutzen mit Auslauf her-
    stellen

Feuchteschaden durch fehlenden Spritzwassersockel, verbunden mit ungeeignetem Anstrich

Abb. 17

Abb. 18

Abb. 19

2

Objekt: **Einfamilienhaus**
Alter: ca. 50 Jahre

Schadenursachen:

Fehlender Spritzwassersockel
Durch den fehlenden Spritzwassersockel kann Regenwasser in die Giebelwand eindringen und durch die Kapillarwirkung im Putz hochsteigen (----> Abb. 17).

Ungeeignetes Anstrichmaterial
Die in den Putz eingedrungene Feuchtigkeit kann durch die fehlende Dampfdurchlässigkeit des stark kunststoffvergüteten Außenanstrichs nicht entweichen. Dies führt bei Sonneneinwirkung zur Bildung von Blasen, die im Laufe der Zeit aufplatzen und den Putz abblättern lassen (----> Abb. 18 + 19).

Sanierungsmaßnahmen:

----> Schadhaften und ungeeigneten Außenanstrich entfernen und durch atmungsaktiven (dampfdiffusionsoffenen) Mineralfarbenanstrich ersetzen

----> Spritzwassersockel mit zementgebundenem Sperrputz unterhalb und oberhalb des Terrains ca. 30 cm hoch mit Sanierputz herstellen

Feuchteschäden am Innenputz

Abb. 20

Abb. 21

Objekt: **Einfamilienhaus mit ausgebautem Untergeschoss**
Alter: ca. 35 Jahre

Schadenursache:

Die schadhafte vertikale Außenwandabdichtung im erdberührenden Bereich führt zu Feuchteschäden am Innenputz bis auf 1,50 m bzw. bis auf Raumhöhe (---> Abb. 20).
Die Feuchtigkeit führt zum Ablösen der Tapeten und zum Abplatzen des Innenputzes. In der Folge zeigen schwarze Flecken auf Putz und Tapeten die starke Schimmelpilzbildung (---> Abb. 21).

Sanierungsmaßnahmen:

┈┈> Schadhaften Innenputz und Tapete entfernen und ent-
sorgen
┈┈> Trocknungsmaßnahme durchführen (Bautrockner)
┈┈> Freilegen der schadhaften Außenabdichtung durch Aus-
schachten des Erdreiches auf Arbeitsraumbreite und
seitlichen Abböschungswinkel, nach entsprechendem
Bodenbefund bis unterhalb der Bodenplatte
┈┈> Schadhafte Außenwandabdichtung entfernen
┈┈> Freigelegte Außenwand reinigen und abtrocknen lassen
┈┈> Unebene Stellen mit Sockelputz ausbessern
┈┈> Bestehende Hohlkehle zwischen Bodenplatte und
Wand überprüfen und bei Bedarf überarbeiten
┈┈> Wandfläche mit Bitumendickschicht nach Herstellervor-
schrift isolieren und 8 cm starke Perimeterdämmplatten
als senkrechte Dränage anbringen
┈┈> Bestehende Ringdränage auf Funktionstüchtigkeit prü-
fen bzw. Rohre durchspülen
┈┈> Arbeitsraum mit geeignetem Material verfüllen und ver-
dichten
┈┈> Oberbelag wieder herstellen
┈┈> Abgetrocknete Innenwandfläche mehrfach mit verdünn-
ter Essigsäure bzw. Alkohol (30 %) im Bereich des Pilzbe-
falls behandeln und zwischendurch gut trocknen lassen
┈┈> Innenputz mit mineralischem Leichtputz wieder herstellen

Bei stärkerem Schimmelbefall müssen die Schutzvorschrif-   **Hinweis**
ten der Berufsgenossenschaften der Bauwirtschaft einge-
halten werden.

Feuchteschaden infolge Leitungsbruch

Schadenursache:

Leitungsbruch der Grundleitung

Im vorliegenden Fall kam es durch einen Rohrbruch in der Grundleitung zum Wasserrückstau. Über den inneren Kontrollschacht drang Wasser in den Praxisraum im Kellergeschoss ein.

Nach dem Freispülen der Grundleitung konnte mit einer Endoskopie-Kamera die genaue Position des Leitungsbruchs geortet werden.

Sanierungsmaßnahmen:

---> Freilegen des Abwasserkanals im Außenbereich / Garten

---> Freistemmen der Abwasserleitung im Fundamentbereich bis zur Bruchstelle

---> Schadhafte Leitungen austauschen

---> Fußbodenbelag entfernen und entsorgen

---> Zementestrich und Wärmedämmschicht trocknen (---> Estrichtrocknung, Seite 108)

---> Estrich durch Abschleifen reinigen, evtl. spachteln

---> Neuen Bodenbelag aufbringen

Objekt: **Mehrfamilienhaus mit Praxisräumen**
Alter: ca. 50 Jahre

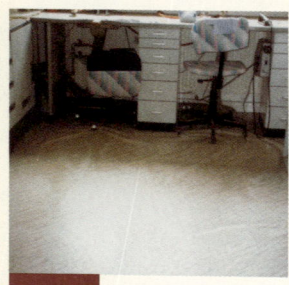

Abb. 22

Abb. 23

Abb. 24

(Leitungs-)Wasserschaden durch Rückstau in der Abwasserleitung

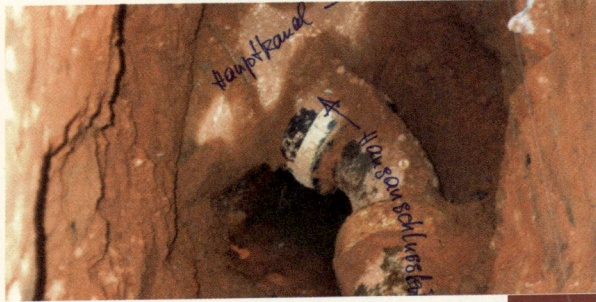

Abb. 25

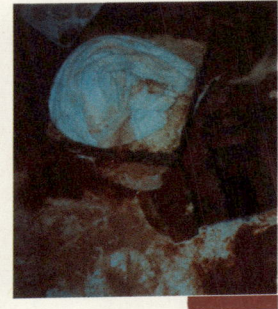

Abb. 26

Schadenursache:

Rückstau durch fehlerhaften Hausanschluss

Im vorliegenden Fall kam es bei wolkenbruchartigem Gewitterregen zu einem Rückstau in den Grundleitungen. Über den inneren Kontrollschacht konnte Wasser in die Kellerräume eindringen.

Nach dem Freispülen der Grundleitung konnte mit einer Endoskopie-Kamera der fehlerhafte Anschluss an den Ortskanal festgestellt werden. Die Hausanschlussleitung wurde mit einem Rohrbogen fehlerhaft entgegen der Fließrichtung angeschlossen. Das durch den Ortskanal fließende Regenwasser gelangte bei starkem Regen zwangsweise in die Hausanschlussleitung und verursachte durch Rückstau den Leitungswasserschaden.

Sanierungsmaßnahmen:

····⟩ Freilegen der fehlerhaften Anschlussstelle

····⟩ Austausch des Anschlussbogens und korrekter Einbau in Fließrichtung

Zum Schutz vor ähnlichen Ereignissen bei Starkregen sollte der Einbau einer Rückstauklappe erwogen werden.

Objekt: **Einfamilienhaus**
Alter: 40 Jahre

Hinweis

Feuchteschaden durch defekte Heizleitung

Schadenursache:
Lochfraß durch Korrosion
Zur Wärmedämmung der Leitungskanäle war ein feuchtes Gemisch aus Perlite und Zement verwendet worden. Im Laufe der Zeit reagierte dieses Gemisch mit dem Stahl der Heizrohre. Es entstand Lochfraß durch Korrosion.

Bemerkung: Perlitegranulat als Trockenschüttung ist materialverträglich.

Sanierungsmaßnahmen:
----> Schadhafte Leitungen demontieren und die Dämm-schüttung entfernen
----> Neue Heizleitungen aus Kupferrohr mit Dämmschalen auf Halterungen im Heizkanal montieren, Kanal mit Betonplatten abdecken, darauf Fliesen in Dünnbettmörtel verlegen

Objekt: **Einfamilienhaus mit Einliegerwohnung im UG**
Alter: ca. 37 Jahre

Abb. 27

Abb. 28

Feuchteschaden durch defekte Kalt- und Warmwasserleitung

Schadenursache:

Lochfraß durch Korrosion
In den Installationsschacht der Kalt- und Warmwasserleitung war als „Dämmung" ein feuchtes Gemisch aus Styroporflocken und Gips eingebracht worden.
Der feuchte Gips verursacht durch chemische Reaktion an den Stahlrohren Lochfraß, durch Langzeitwirkung Undichtigkeit.

Sanierungsmaßnahmen:

---> Demontage der schadhaften Stahlrohrleitungen einschließlich Dämmgemisch
---> Montage und Anschluss neuer Wasserleitungen aus Kupferrohr mit Dämmschale im Installationsschacht

Objekt: **Einfamilienhaus**
Alter: ca. 36 Jahre

Abb. 29

Abb. 30

Feuchteschaden durch schadhaftes Ziegeldach

Objekt: **Einfamilienhaus**
Alter: ca. 50 Jahre

Abb. 31

Schadenursache:

Schadhaftes Ziegeldach infolge Unterhaltungsstau
Über lange Zeit wurde dieses Dach nicht genauer inspiziert
oder gewartet. Die Dachrinne liegt voller Ziegelsplitter,
die durch Verwitterung im Laufe der Jahre entstanden sind.
Der Zustand der Eindeckung zeigt insgesamt schwere
Mängel.

Sanierungsmaßnahmen:

┄┄> Reparatur bzw. Neueindeckung des Daches
┄┄> Kontrolle und evtl. Reparatur der Dachentwässerung

Sturmschaden am Ziegeldach

Schadenursache:
Sturmeinwirkung und Unterhaltungsstau
Von außen zeigt sich die Einwirkung starker Winde anhand der Unregelmäßigkeiten im Erscheinungsbild der Ziegeleindeckung.
Der mangelhafte Zustand der Ziegeleindeckung zeigt sich von innen auch an den verwitterten Ziegelnasen. Diese Mängel haben den Sturmschaden begünstigt.

Sanierungsmaßnahmen:
┈┈> Reparatur bzw. Neueindeckung des Daches

Objekt: **Einfamilienhaus**
Alter: ca. 50 Jahre

Abb. 32

Abb. 33

Feuchteschaden an Nahtstelle Ziegeldach / Wandanschluss (Kombinationswirkung von Ausführungsmängeln und Sturmeinwirkung)

Objekt: **Einfamilienhaus**
Alter: ca. 50 Jahre

Abb. 34

Schadenursachen:

Schadhafter Wandanschluss / Ziegeldach
Die Sturmeinwirkung ist an der lückenhaften Blechverwahrung am seitlichen Wandanschluss erkennbar.
Die niedrige Wandanschlusshöhe der Blechverwahrung ist als Ausführungsfehler zu sehen.

Sanierungsmaßnahmen:

┈┈> Schadhafte Blechverwahrung demontieren
┈┈> Durch mindestens 15 cm hohes Wandanschlussblech einschließlich Überhangblech ersetzen

Feuchteschaden am Flachdach

Schadenursache:
Schadhafte Dachdichtungsbahn
Durch die Alterung der Dachfolie wird diese
spröde und schrumpft. Durch das Schrumpfen
entstehen insbesondere in den Anschlussec-
ken zum Dachrand so große Spannungen, dass
die Dachfolie schließlich auseinanderreißt und
hier Regenwasser ins Gebäude eindringen und
Schäden verursachen kann.

Abb. 35

Sanierungsmaßnahmen:
···⟩ Demontage der gesamten Dachabdichtung
     einschließlich Randbefestigungen und Be-
     kiesung sowie Entsorgung des Bauschutts
     (Folie etc.)
···⟩ Erneuerung der Flachdachabdichtung ein-
     schließlich Randausbildung und Bekiesung

Abb. 36

Abb. 37

Objekt: **Einfamilienhaus**
Alter: ca. 30 Jahre

2

3

Außergewöhnliche Feuchtigkeits-belastungen von Bauwerken

- Schutzmaßnahmen für Gebäude
- Sanierungsmaßnahmen

Hochwasser sind eine Folge meteorologischer Ereignisse und haben natürliche Ursachen. Sie sind Teil des Wasserkreislaufs. Große Wassermassen laufen in kurzer Zeit in Bach- und Flusstälern zusammen. An großen Flüssen sind langanhaltende Niederschläge, auch im Zusammenhang mit Schneeschmelze, für die Hochwasser verantwortlich. An kleineren Flüssen und Bächen entstehen Hochwasser oft durch örtliche Gewitter oder sintflutartige Starkregen. Großwetterlage und Flussgebiete bestimmen das Ausmaß eines Hochwassers.

**Entstehen
von Hochwasser**

Durch die zunehmende, intensive Nutzung der gewässernahen Bereiche werden aus solchen natürlichen Ereignissen aus der Sicht des Menschen jedoch Naturkatastrophen, gegen die er sich schützen möchte.

Unbestritten ist, dass der Mensch vielfältig in den Naturhaushalt und den Wasserkreislauf eingegriffen und dadurch eine Verschärfung der Hochwassersituation verursacht hat.

Baumaßnahmen wie neue Siedlungsgebiete, Industrie- und Gewerbeanlagen, Straßenbau und Parkplätze führen zu fortschreitender Flächenversiegelung und damit abnehmenden Versickerungsmöglichkeiten.

Die raschere Ableitung des Regenwassers durch die Kanalisation und Wasserbaumaßnahmen wie Regulierungen von Bächen und Flüssen tragen zur Abflussbeschleunigung in Bächen und Vorflutern bei.

Hochwasserschutzmaßnahmen und der Verlust von Überflutungsräumen durch Besiedlung oder intensive landwirtschaftliche Nutzung führen entlang der Bäche und Flüsse zu steigenden Hochwasserpegeln.

**Steigender
Hochwasserpegel**

Die „Jahrhunderthochwasser" der letzten Jahre haben gezeigt, dass ein Umdenken notwendig ist. Eine wirksame Hochwasservorsorge kann nur durch staatliche und private Maßnahmen erreicht werden.

Zunächst gilt es, durch ein sinnvolles dezentrales Regen-

wassermanagement Abflussspitzen zu vermeiden.
Der Rückbau voll- oder teilversiegelter Flächen sorgt für
eine lokale und flächige **Regenwasserversickerung** bei geeigneten Böden wie z. B. Sand und Kies und trägt damit zur
Grundwasserregulierung bei.

Teilversiegelte Oberflächenbefestigungen

Hier bieten sich auch für den privaten Grundstückseigentü-
mer eine Reihe von teilversiegelten Oberflächenbefestigungen, wie Pflaster mit Rasenfugen, Rasengittersteine und
Schotterrasen an, die einen breiten Gestaltungsspielraum
eröffnen.

Bei etwas eingeschränkter Bodendurchlässigkeit kann
durch das Einrichten von Bodenmulden und Rigolen-Syste-
men Regenwasser durch oberflächige Rückhaltung zeitver-
zögert versickern.

Zur **Regenwassernutzung** wird das von Dachflächen ge-
sammelte und vorgereinigte Niederschlagswasser in einen
Speicher geleitet und von dort zu den Verbrauchsstellen
gepumpt. Durch die Sammlung und Verwertung für die WC-
Spülung, Waschmaschine und zur Gartenbewässerung
wird nicht nur der Regenwasserabfluss verzögert, sondern
auch der Trinkwasserverbrauch reduziert.

Eine weitere Möglichkeit bietet die **Begrünung von Dachflächen**. Durch eine relativ kostengünstige extensive Begrünung auf Flachdächern oder flach geneigten Dächern
wird Regenwasser auf dem Dach zurückgehalten bzw. zwi-
schengespeichert und nur verzögert abgegeben bzw. durch
Verdunstung dem Wasserkreislauf wieder zugeführt.

Die **Renaturierung** von Bach- und Flussläufen, die Auswei-
sung von **Überflutungsflächen** und der Bau von **Regen-
wasserrückhalteanlagen** tragen ebenfalls zur Entschär-
fung von Hochwasserspitzen bei.

Ein vollständiger Hochwasserschutz ist allerdings mit diesen Maßnahmen und trotz bester Planung, Ausführung
und Instandhaltung von Hochwasserschutzanlagen nicht
möglich. Ein optimiertes Regenwassermanagement,

Dämme, Mauern oder Hochwasserrückhaltebecken können die Nutzungsbedingungen in der Nähe von Gewässern nur verbessern, die Hochwassergefahr aber nicht vollständig beseitigen. Die Menschen in den hochwasserbedrohten Gebieten müssen mit dem Risiko leben, d.h., sie müssen sich auf Hochwasserereignisse und auf Deichüberflutungen mit Überschwemmungen ihres Lebensraums einstellen.

Eine weitergehende staatliche und private **Hochwasservorsorge** muss folgende Einzelstrategien umfassen:

Hinweis

- die **Flächenvorsorge** mit dem Ziel, möglichst kein Bauland in überschwemmungsgefährdeten Gebieten auszuweisen.
- die **Bauvorsorge**, die durch angepasste Bauweisen und Nutzungen Überflutungen möglichst schadlos überstehen lässt.
- die **Verhaltensvorsorge**, die vor einem Hochwasser warnt und diese Warnung vor Ort in konkretes Handeln umsetzt.
- die **Risikovorsorge**, die finanziell für den Fall vorsorgt, dass trotz aller durchgeführten Strategien ein Hochwasserschaden eintritt.

Beim Hochwasserschutz von Gebäuden und Einrichtungen sind grundsätzlich drei Gefährdungsbereiche zu unterscheiden:

Drei Gefährdungsbereiche

- **Eindringen von Wasser**
  Oberflächenwasser, Grundwasser oder Rückstauwasser aus der Kanalisation dringen ins Gebäude ein und verursachen Wasserschäden an der Bausubstanz und am Inventar.
- **Gebäudestandsicherheit**
  Auftriebskräfte, Wasserdrücke und Strömungskräfte führen zu einer Beanspruchung der Bodenplatte oder der Grundmauern und können im Extremfall zum Auf-

schwimmen oder zu einem Durchbruch führen.
◆ **Außenanlagen**
Oberflächenwasser oder Grundwasser beschädigt Einrichtungen (Garage, Garten, Öl- oder Flüssiggastanks), die in unmittelbarer Umgebung des Hauses liegen.

In diesem Kapitel informieren wir Sie über die Möglichkeiten, sich vor den Schäden durch Hochwasser zu schützen und diese nach einem Hochwasser möglichst nachhaltig zu beseitigen. Unsere Hinweise sind kein vollständiges Rezept für störungsfreies Bauen, Renovieren oder Sanieren. Vor der Durchführung größerer Sanierungsvorhaben sollten Sie auf jeden Fall fachlichen Rat bei Architekten oder Sachverständigen einholen. Gegebenenfalls stehen Ihnen die Fachleute der Verbraucherzentralen mit Rat zur Seite. Weitergehende Informationen finden Sie auch in Veröffentlichungen des Bundesministeriums für Verkehr, Bau- und Stadtentwicklung, z. B. in der Hochwasserschutzfibel „Bauliche Schutz- und Vorsorgemaßnahmen in hochwassergefährdeten Gebieten" aus dem Jahr 2006.
Bei nachträglich erforderlich werdenden Abdichtungsmaßnahmen im Gebäudebestand sind DIN-Vorschriften häufig nicht anwendbar. Somit fehlt die übliche Rechtssicherheit von Vergaberegeln. Es ist daher dringend anzuraten, durch einen Architekten oder Sachverständigen wichtige Formulierungen des Werkvertrags individuell ausarbeiten zu lassen.
Dies gilt auch für die Formulierung des erforderlichen Leistungsverzeichnisses zur genauen Beschreibung der durchzuführenden Sanierungsmaßnahmen mit entsprechender Materialvorgabe und Fertigstellungsfrist.
Auch ist eine fachkundige Überwachung solcher Baumaßnahmen einschließlich Bauabnahme dringend geboten.

Fachlichen Rat vor größeren Sanierungen einholen

Schutzmaßnahmen für Gebäude

Abb. 38 Möglichkeiten zur Vermeidung von Hochwasserschäden

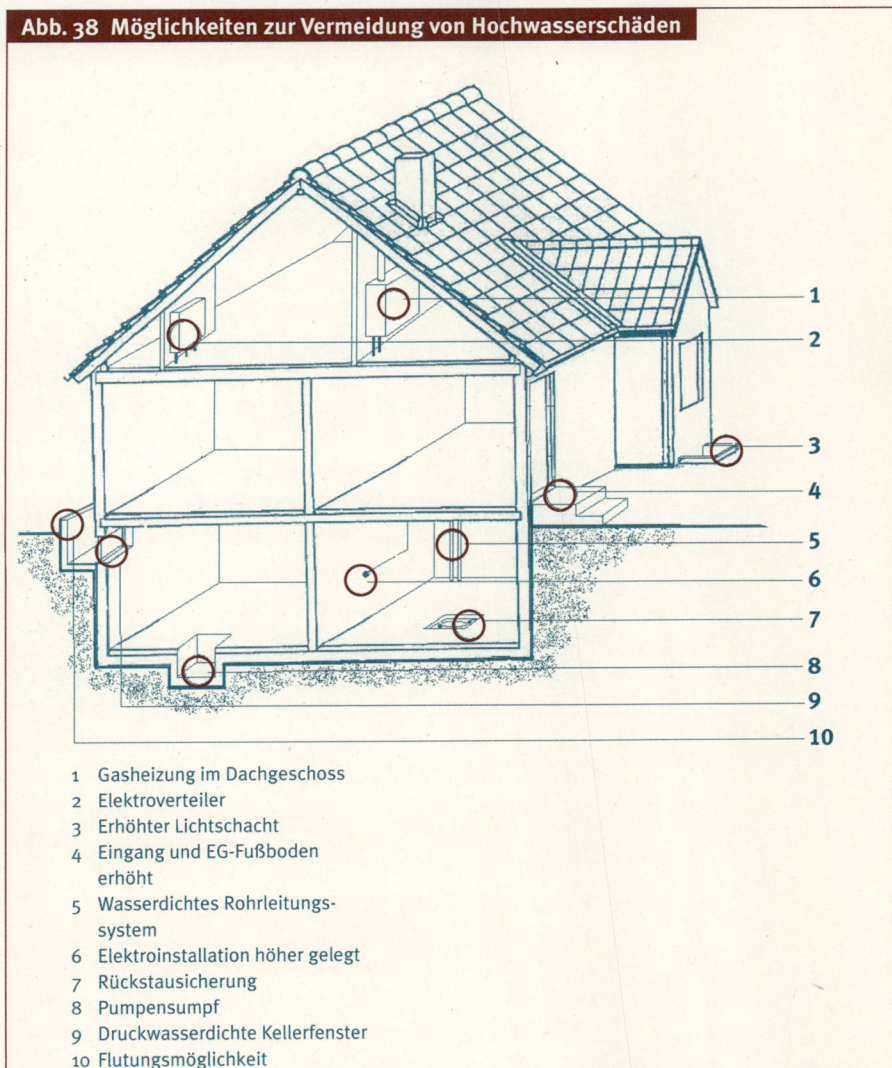

1. Gasheizung im Dachgeschoss
2. Elektroverteiler
3. Erhöhter Lichtschacht
4. Eingang und EG-Fußboden erhöht
5. Wasserdichtes Rohrleitungssystem
6. Elektroinstallation höher gelegt
7. Rückstausicherung
8. Pumpensumpf
9. Druckwasserdichte Kellerfenster
10. Flutungsmöglichkeit

Die Planung

Bei einem Hochwasserereignis werden Gebäude nicht nur in überschwemmten Gebieten, sondern bei einem Anstieg des Grundwasserspiegels auch in gewässerferneren Gebieten durch einen erhöhten Wasserdruck beansprucht. Vor jeder Bau- oder Sanierungsmaßnahme müssen daher mögliche Hoch- und Grundwassereinwirkungen berücksichtigt werden.

Bauauflagen in Hochwassergebieten

Die zuständigen Baubehörden bzw. wasserwirtschaftlichen Fachbehörden informieren über entsprechende Bauauflagen in hochwassergefährdeten Gebieten. Fachingenieure erstellen Bodengutachten für ein Grundstück und liefern damit dem Statiker die Basis für eine sachgerechte Planung eines Vorhabens.

Beim Neubau in hochwassergefährdeten oder von schwankenden Grundwasserständen betroffenen Gebieten sollten Sie nach Möglichkeit auf die Unterkellerung verzichten oder das Gebäude auf Stützen oder Stelzen setzen. Wenn Sie einen Keller ausführen lassen wollen, so muss er auf jeden Fall wasserdicht errichtet werden.

Falls das Erdgeschoss betroffen sein kann, muss dies so gebaut und genutzt werden, dass bei einer Überflutung die Schäden so gering wie möglich sind.

Auch an bestehenden Gebäuden kann einiges zur Schadensvermeidung oder Schadensminderung getan werden.

Maßnahmen zum Schutz gegen Oberflächenwasser

Hier ist grundsätzlich zu unterscheiden zwischen
- ----> Vorkehrungen, um das Wasser vom Haus fernzuhalten
- ----> Maßnahmen, um das Eindringen von Wasser in das Gebäude zu unterbinden.

Je nach Lage des Hauses kann sich das Einfassen und Umschließen des Grundstücks mit Mauern anbieten, deren Tore bei Bedarf kurzfristig mit Brettern abgedichtet werden können. Auch geringfügige Geländeaufschüttungen oder Erdwälle von 10 bis 20 Zentimetern Höhe halten unter Umständen oberflächig anfließendes Wasser davon ab, ins Gebäude einzudringen.

> **Tipp**
>
> Der Lichtschacht vor den Kellerfenstern ragt üblicherweise nur drei Zentimeter über den Boden hinaus. In hochwassergefährdeten Gebieten sollten Sie einige Zentimeter zugeben. Oberflächenwasser fließt dann nicht so schnell in das Haus.

Einen wirkungsvollen Hochwasserschutz, auch bei höheren Wasserständen, bieten Dammbalkensysteme (mobile oder teilmobile Hochwasserschutzwände), die in der Regel durch die Kommunen zum Schutz ganzer Häuserzeilen angebracht werden.
Bei jeder Art von Hochwasserschutzwänden ist zumindest mit geringen Undichtigkeiten zu rechnen. Daher sollten Sie grundsätzlich Pumpen im Außen- und Innenbereich des Hauses zum Abpumpen des anfallenden Wassers vorsehen. Soweit möglich, sollte in Kellerräumen an der tiefsten Stelle des Raumes eine Vertiefung, der sogenannte **Pumpensumpf**, vorhanden sein. Mit einer Tauchpumpe kann Wasser von dort leicht abgesaugt werden.

Hinweis

Ein Einsatz von Hochwasserschutzwänden ist nur dann sinnvoll, wenn gleichzeitig ein ausreichender Schutz gegen das Eindringen von Grundwasser durch Leitungsdurchdringungen der Bodenplatte oder der Kellerwände und gegen Rückstauwasser aus der Kanalisation besteht. Im Untergeschoss sollten außerdem stets druckwasserdichte Fenster, Türen und Lichtschächte eingebaut werden.

Maßnahmen gegen Rückstau

Im Hochwasserfall kann das Kanalsystem die großen Mengen an Regen- und Grundwasser oft nicht mehr aufnehmen. Der Wasserspiegel kann dann in einzelnen Kanalstrecken oder Netzteilen, in Einstiegsschächten, den Hausanschlusskanälen und den Fallrohrleitungen bis zur Rückstauebene ansteigen, auch in Gebieten, die nicht direkt vom Hochwasser betroffen sind.

Haben Sie keine funktionierenden Sicherungseinrichtungen, wie Rückstauklappen oder Abwasserhebeanlagen installieren lassen, steigt der Wasserspiegel im Leitungsnetz des Gebäudes bis zur Höhe des Wasserspiegels im Kanalnetz an. Dies kann bei Ablaufstellen für Schmutz- oder Regenwasser, die unterhalb der Rückstauebene liegen, z. B. Bodeneinläufe, Waschbecken oder Toiletten im Keller, schnell für Abwasseraustritt sorgen.

Die Rückstauebene Der Begriff der Rückstauebene bezeichnet das Niveau des maximal möglichen Wasserspiegels im Kanalnetz bei Rückstauereignissen in nicht hochwassergefährdeten Gebieten. In Überschwemmungsgebieten dagegen ist mit einem Anstieg des Wasserspiegels im Leitungsnetz bis zum Hochwasserspiegel zu rechnen, d. h. also über die Rückstauebene hinaus.

Die Rückstauebene wird meistens in Ortssatzungen festgelegt. Ist das nicht der Fall, gilt nach DIN 1986 als Rückstauebene die Höhe der Straßenoberkante an der Anschlussstelle. In der o. g. Vorschrift ist weiterhin gefordert, dass Ablaufstellen für Schmutzwasser, deren Wasserspiegel im Geruchsverschluss unterhalb der Rückstauebene liegt, gegen Rückstau zu sichern sind. Bei Ablaufstellen für Niederschlagswasser, z. B. Bodeneinläufe am Fuß von Kelleraußentreppen, besteht diese Forderung dann, wenn die Oberkante der Ablaufstelle unterhalb der Rückstauebene liegt.

Tipp

Die beste Rückstausicherung nützt nichts, wenn sie im Ernstfall nicht funktioniert! Wie jede technische Anlage muss auch die Entwässerungsanlage mit ihren Schutzvorrichtungen regelmäßig und sorgfältig gewartet und gereinigt werden, nach DIN 1986 zweimal pro Jahr. Nur so können eine dauerhafte Funktionstüchtigkeit und ein möglicher Versicherungsschutz gewährleistet werden. Schadenersatzansprüche gegenüber Städten und Kommunen sind in aller Regel ausgeschlossen.

Ein Rückstau kann auch im Außenbereich von Gebäuden zu unvorhergesehenen Überschwemmungen in „hochwassergeschützten" Bereichen führen, z. B. hinter Hochwasserschutzwänden. Wasser kann aus dem Überschwemmungsbereich durch die Kanalisation auf das Grundstück gedrückt werden.
Falls Sie nicht sicher sind, ob Rückstausicherungen (Rückstauklappe oder Hebeanlage) eingebaut sind, können Kanalreinigungs-Fachfirmen mit einer hierfür geeigneten Kamera (Endoskopie) die Abwasserleitung überprüfen.

Maßnahmen zum Schutz gegen Wassereinbruch

Falls trotz der genannten Maßnahmen Oberflächenwasser bis an das Gebäude gelangt ist, gilt es, das Eindringen durch Tür- oder Fensteröffnungen zu verhindern. Der entstehende Wasserdruck kann so groß werden, dass Türen und erst recht Fenster dem Druck nicht standhalten und zerbrechen.
Daher ist zu prüfen, ob die Oberkante des Fußbodens im Erdgeschoss tiefer liegt als der höchste Hochwasserpegel. Im Zweifelsfall können Sie diesen Pegelstand bei der zuständigen Gemeinde- oder Stadtverwaltung erfragen.
Die druckstabile Abdichtung von Fenstern und Türen lässt

Abdichtung durch Sperrholzplatten/Stahltüren

sich wirkungsvoll durch ausreichend stark dimensionierte, wasserfeste Sperrholzplatten oder Stahltüren erreichen. Sie werden im Bedarfsfall in vorgefertigte, ausreichend verankerte Stahlzargen eingehängt oder eingeschoben.

Auf dem Markt sind relativ preiswerte Abdichtungssysteme erhältlich (z. B. passgenau zugeschnittene Einsatzelemente für Eingangs- oder Fensteröffnungen mit Profildichtungen in Normmaßen), die bis zu bestimmten Wasserständen einen ausreichenden Schutz vor Wasserzutritt gewährleisten. Hierbei ist aber zu prüfen, ob Dauerhaftigkeit und Dichtigkeit bei der preiswerteren Lösung gewährleistet sind.

Zu allen genannten Maßnahmen sollten Sie von einem im Hochwasserschutz erfahrenen Baufachmann (Architekt, Ingenieur) Vorschläge erarbeiten lassen. Bevor Sie den Auftrag erteilen, lassen Sie die Angebote der Handwerker von der Fachkraft prüfen, die auch die Durchführung der Maßnahme überwacht.

Tipp Legen Sie beim Neubau das Erdgeschoss samt Eingang und Balkontüren höher – besser ein paar Stufen steigen als waten. In hochwassergefährdeten Gebieten wird dies häufig auch durch Bebauungspläne oder Satzungen gefordert.

Maßnahmen zur Erhaltung der Gebäudestandsicherheit

Die Standsicherheit eines Gebäudes im Falle eines Hochwassers hängt von mehreren Faktoren ab:

- Wasserdruck: Die Bauwerkswände und die Bodenplatte sind auf den maximal zu erwartenden Wasserdruck nach statischem Erfordernis zu dimensionieren.
- Auftrieb: Die erforderliche Auftriebssicherung kann

durch eine ausreichende Dimensionierung der Gebäudelasten oder eine Flutung des Gebäudes erzielt werden.

- Gewässerströmung: Sehr flussnah gelegene Gebäude werden zusätzlich durch die Gewässerströmung beansprucht.

Durch den anstehenden **Wasserdruck** bei Hochwasserereignissen oder durch steigende Grundwasserpegel entstehen Beanspruchungen auf die Gründungssohle und die Seitenwände. Häufig sind bestehende Gebäude nicht für solche Belastungen ausgelegt. Bei Hochwasser oder steigendem Grundwasser können dann die Seitenwände einbrechen oder die Bodenplatte beschädigt werden.

Wird die **Auftriebskraft** größer als die Summe aller Gebäudelasten, schwimmt das Gebäude auf. Im ungünstigsten Fall kann es einstürzen. Die Gebäudestandsicherheit muss zu jeder Zeit gewährleistet sein, also auch bei höchstem Hochwasser. Daher ist es unabdingbar, sich von einem Statiker das Gewicht des betreffenden Gebäudes samt der Auftriebskraft im Hochwasserfall berechnen zu lassen. Hierbei muss der Statiker auch überprüfen, ob die Bodenplatte ohne Schaden den Druck durch Grundwasserauftrieb aushalten kann und die Umfassungswände des Kellergeschosses dem seitlichen Wasserdruck standhalten können.

Statiker berechnen Gebäudegewicht und Auftriebskraft

Stellt der Statiker beim Gegenüberstellen beider Kräfte fest, dass die Voraussetzungen für ein Aufschwimmen des Gebäudes gegeben sind, gibt es zwei Möglichkeiten:

1. Um das fehlende Eigengewicht um mindestens 10 % des Auftriebs zu übersteigen, wird die hierfür notwendige Wassermenge für die Flutung ermittelt. Vor Eintritt der Gefahrensituation muss der Keller bis zur errechneten Höhe des erforderlichen Wasserstandes geflutet sein.
2. Durch eine Flutung wird im Gebäudeinneren ein Gegendruck aufgebaut, der den Drücken entgegenwirkt, die von außen auf das Gebäude einwirken.

Tipp Die erforderliche Flutungshöhe in Abhängigkeit vom Außenwasserstand sollte durch Markierungen angezeigt werden. Die Flutung sollte durch spezielle Flutungseinrichtungen erfolgen, z. B. einen Hydrant-Anschluss oder Tank, da das Fluten mit sauberem Wasser Folgeschäden verringern kann.

Beim Fluten setzt man voraus, dass alle Ver- und Entsorgungsleitungen in den betroffenen Räumen über entsprechende Materialeigenschaften verfügen. Sicherungs- und Schalterschrank sowie die Heizstation sollten sich selbstverständlich in einem höher gelegenen, nicht grund- oder hochwassergefährdeten Raum befinden.

Hinweis Überflutbare Räume müssen vom übrigen Gebäude getrennte Stromkreise haben.

Sobald der Wasserpegel fällt und die Auftriebsgefahr beendet ist, wird der geflutete Keller leer gepumpt, eine Trocknungsmaßnahme durchgeführt und die verbliebenen Feuchteschäden wieder behoben.
Überflutete Kellerräume sollten Sie erst leer pumpen, wenn das Hochwasser bis auf Höhe der Kellersohle gefallen ist. Den Wasserstand können Sie bei den örtlichen Behörden nachfragen. Andernfalls sollten Sie das Wasser nur so tief auspumpen, dass der Grundwasserspiegel noch 10 cm unter dem Kellerwasserstand liegt.
Eine Ausnahme besteht bei einem Keller, dessen Umfassungswände aus WU-Beton als „weiße Wanne" oder aus druckstabilem Mauerwerk als „schwarze Wanne" ausgebildet und mit Bitumenbahnen gegen Druckwasser abgedichtet sind. Hier muss die Höhe des Grundwassers beim Leerpumpen der Kellerräume nicht berücksichtigt werden.
Die zweite Möglichkeit und eine Alternative zur Flutung wäre das Aufstocken des Gebäudes, um mit dem hinzu-

kommenden Eigengewicht das fehlende Gegengewicht zur Auftriebskraft zu erbringen.

Die Genehmigungsfähigkeit, entstehende Baukosten und die Finanzierbarkeit müssten ermittelt und mit den Kosten für die möglicherweise wiederholte Flutung und die nachfolgende Trockenlegung gegengerechnet werden.

Starke **Strömungen** können insbesondere eingeschossige, in geringer Tiefe gegründete Gebäude mit sich reißen oder zu deren Einsturz führen.

Auch der Austrag von Bodenteilchen aus dem Bodengefüge unter dem Haus kann zu Hohlräumen im Baugrund führen und nachfolgend schwere Gebäudeschäden infolge von Setzungen und Rissbildungen verursachen.

Wasserundurchlässige Bauwerke

Die Abdichtung gegen drückendes Grundwasser muss eine geschlossene Wanne bilden und das Bauwerk allseitig im betroffenen Bereich umschließen.

Weiße Wanne

Angeboten werden häufig „weiße Wannen" aus WU-Beton, d. h., Außenwände und Bodenplatte bestehen aus wasserundurchlässigem Beton. Der Beton übernimmt die lastabtragende Funktion, also auch die Aussteifung gegenüber den vorhandenen und noch entstehenden, seitlich auf die Außenwände und von unten gegen die Bodenplatte wirkenden Druckkräften durch Grund-, Hoch- und Schichtenwasser.

WU steht für wasserundurchlässig

Wasserundurchlässig ist allerdings nicht mit wasserdicht gleichzusetzen. WU-Beton ist dicht gegen Wasser in flüssiger Form. Durch Diffusion, Druckgefälle und kapillare Saugfähigkeit ist ein steter Feuchtetransport vorhanden, der nur durch eine außenliegende Dampfbremse unterbunden werden kann.

Die Funktion einer weißen Wanne erfordert außer wasserundurchlässigem Beton auch den Einbau von Fugendichtungen an den Arbeits- und Dehnfugen. Als Fugendichtung werden Fugenbänder, Fugenbleche, Quellbänder oder Verpressschläuche eingesetzt.

Außerdem sind Einbau und Verdichten des Betons sorgfältig auszuführen, insbesondere ein Entmischen des Betons ist nicht zulässig. Eine fachgerechte Nachbehandlung ist ebenfalls notwendig, d. h., der frische Beton muss gegen extreme Temperaturen und vorzeitiges Austrocknen geschützt werden.

Richtlinie „Wasserundurchlässige Bauwerke aus Beton"

Im Juni 2004 wurde für Bauwerke aus Beton die Richtlinie „Wasserundurchlässige Bauwerke aus Beton" vom Deutschen Ausschuss für Stahlbeton herausgegeben.

Diese WU-Richtlinie hat Gültigkeit für Betonbauwerke oder Betonbauteile, die teilweise oder vollständig im Erdreich eingebunden sind.

WU-Betonbauwerke werden nach dieser neuen Richtlinie in Nutzungsklassen (NKL) und Beanspruchungsklassen (BSK) eingeordnet.

Danach wird die **Beanspruchung** in zwei Klassen eingeteilt. Die Beanspruchungsklasse 1 gilt für drückendes und nicht drückendes Wasser sowie zeitweise aufstauendes Sickerwasser, die Beanspruchungsklasse 2 für Bodenfeuchte und nicht stauendes Sickerwasser.

Beanspruchungsklasse BSK 1	Beanspruchungsklasse BSK 2
drückendes Wasser: Grundwasser, Schichtenwasser, Hochwasser oder anderes Wasser, das einen hydrostatischen Druck ausübt (auch zeitlich begrenzt)	– nicht stauendes Sickerwasser: Wasser, das bei sehr stark durchlässigen Böden ohne Aufstau absickern kann – Wasser, das bei wenig durchlässigen Böden durch dauerhaft funktionierende Dränung nach DIN 4095 abgeführt wird
nicht drückendes Wasser: Wasser in tropfbarer flüssiger Form mit geringem hydrostatischem Druck (Wassersäule = 10 cm), ausschließlich auf horizontalen oder geneigten Flächen	Bodenfeuchte: kapillar im Boden gebundenes Wasser
zeitweise aufstauendes Sickerwasser: Wasser, das sich auf wenig durchlässigen Bodenschichten ohne Dränung aufstauen kann. Die Bauwerkssohle liegt mindestens 30 cm über dem Bemessungswasserstand	

3

Tipp

Der Bemessungswasserstand ist der höchste innerhalb der planmäßigen Nutzungsdauer zu erwartende Grundwasser-, Schichtenwasser- oder Hochwasserstand unter Berücksichtigung langjähriger Beobachtungen und zu erwartender Gegebenheiten. Wir empfehlen, die jeweils vorliegende Beanspruchungsklasse und den Bemessungswiderstand durch ein entsprechendes Bodengutachten ermitteln zu lassen.

Auch die **Nutzung** wasserundurchlässiger Bauwerke wurde in Abhängigkeit von der Funktion des Bauwerks und von den Nutzungsanforderungen an das Bauteil in zwei Klassen eingeteilt.

Bei der **Nutzungsklasse A** ist ein Feuchtetransport in flüssiger Form (Wasserdurchtritt) nicht zulässig. „Feuchtstellen" im Sinne der Richtlinie sind feuchtebedingte Dunkelfärbungen oder die Bildung von Wasserperlen.

Vermeidung von Tauwasser

Zur Vermeidung von Tauwasser auf den Innenflächen müssen zusätzliche raumklimatische Maßnahmen (Lüftung, außen liegende Wärmedämmung, Heizung) getroffen werden. Bei Nutzungsklasse A muss der Planer den Bauherrn hierauf besonders hinweisen.

Bei der **Nutzungsklasse B** sind Feuchtstellen auf der Bauteiloberfläche zulässig, d. h., es wird im Gegensatz zur Nutzungsklasse A nur eine begrenzte Wasserundurchlässigkeit gefordert. Feuchtstellen dürfen im Bereich von Trennrissen, Sollrissquerschnitten, Fugen und Arbeitsfugen auftreten. Daneben gibt es noch die besonders vereinbarte Nutzungsklasse.

Nutzungsklasse A	Nutzungsklasse B
Standard für Wohnungsbau	Einzelgaragen, Tiefgaragen
Lagerräume mit hochwertiger Nutzung (Keller in Wohnhäusern)	Installations- und Versorgungsschächte und -kanäle
	Lagerräume mit geringen Anforderungen

Tipp Besprechen Sie mit dem Planer die Funktion und die angestrebte Nutzung der Räume im Untergeschoss und legen Sie die Nutzungs- und Beanspruchungsklasse anhand dieser Nutzung und des Bodengutachtens vertraglich fest.

Neben den Anforderungen an die Wasserundurchlässigkeit sind in der Regel auch raumklimatische Anforderungen aus der Energieeinsparverordnung zu beachten. Mit einer außen liegenden Wärmedämmung wird auch im unbeheizten Keller einem möglichen Tauwasseranfall auf der Innenseite entgegengewirkt.

Orange Wanne
Außer der bekannten „weißen Wanne" gibt es eine neu entwickelte „orange Wanne" aus WU-Beton.
Nach Herstellerangaben handelt es sich um eine aus Fertigteilen in doppelwandiger Bauweise zu erstellende WU-Betonwanne, die den Anforderungen der Nutzungsklassen A und B gemäß den WU-Richtlinien entspricht.

Die **„schwarze Wanne"** ist in hochwassergefährdeten Bereichen nur sehr aufwändig und teuer durch als Wanne ausgebildete, verschweißte Bitumenbahnen herzustellen und wird daher kaum verwendet. Ein Sonderfall wäre die Kombination aus WU-Bodenplatte und vertikalen doppelten Bitumenbahnen, auch teuer, anfällig und nach DIN 18195 nicht zugelassen.

Hinweis

Die aufgezeigten Möglichkeiten machen es nach dem heutigen Erkenntnisstand bei fachgerechter Planung und Ausführung möglich, in hoch- oder grundwassergefährdeten Gebieten mit WU-Beton dauerhaft sicher zu bauen.

Die richtige Wahl des Baumaterials

Besteht die Möglichkeit, dass im Hochwasserfall Wasser ins Gebäude eindringt, so sollten Sie bevorzugt wasserbeständige bzw. wasserunempfindliche und möglichst hohlraumarme Baustoffe verwenden.

Verwendungsbereiche für Baustoffe

Verwendungsbereich	Ungeeignete Baustoffe (nicht wasserbeständig)	Geeignete Baustoffe (wasserbeständig)
Außenwandbekleidungen	Holzwerkstoffplatten Holzprofile Thermohaut-Verbundsysteme	Mineralische Putze auf der Basis von Zement bzw. hydraulischen Kalken; Faserzementplatten
Wände	Gipsplatten Holzwände Gefache Gasbeton Lehm	Beton/Leichtbeton herkömmliche Stein-auf-Stein-Bauweise (Kalksandstein, Vollziegel, Klinker etc.) Glasbausteine Stahlkonstruktionen
Fenster / Türen	Holz (unbehandelt)	Massivholz (versiegelt oder geölt) Kunststoff, Aluminium, verzinkter Stahl Edelstahl
Treppen	Holzfurnierte Bauteile	Massives Hartholz Massiv-Beton Verzinkte Stahlkonstruktionen
Innenwandbekleidungen	Gipsputz Gipskartonplatten Tapeten Dispersionsanstrich Holzbekleidungen Korkbekleidungen	Mineralische Putze auf der Basis von Zement bzw. hydraulischen Kalken, Mineralfarben, Kalkanstrich Wandfliesen Steinzeug Klinker
Bodenbeläge	Parkett, Fertigparkett Textile Beläge Linoleum Kork, Laminat Holzpflaster, Steingut Sandstein, Marmor, Anhydrit-Estrich	Beton Zement-Estrich, Gussasphaltestrich Fliesen Steinzeug Granit, Dolomit, Kunststein Epoxydharz-Oberflächen
Wärmedämmung	Faser- und Schüttdämmstoffe	Polyurethan und Schaumglas
Abdichtungen		Bituminöse Anstriche Dichtbahnen

Darüber hinaus sollten im Rauminneren Wasserdampfsperren und saugende Materialien (z. B. Teppichböden, Dämmstoffe aus Mineralwolle) vermieden werden. Bei einer intensiven Lüftung begünstigen wasserabweisende und/oder wasserdampfdurchlässige Materialien die Austrocknung des Mauerwerks und verringern die Gefahr der Schimmelbildung.
Schwimmende Estriche sind wegen der Gefahr des Aufschwimmens in überflutbaren Räumen ungeeignet. Die Wärmedämmung ist unter der Betonbodenplatte anzuordnen. Verbundestriche ohne Auftriebswirkung sind als Bodenaufbau möglich, z. B. Verbundzementestrich, ein Trasszementmörtelbett, in das der Bodenbelag aus keramischen Fliesen direkt verlegt wird.

Schwimmende Estriche ungeeignet

Haustechnische Installationen

Zu den haustechnischen Installationen gehören die Elektro- und die Heizungsinstallation, aber auch evtl. vorhandene Tanks und weitere Anlagenteile. Es gibt mehrere Möglichkeiten, diese Installationen für den Fall eines Hochwassers zu sichern.

Elektroinstallation
Zentrale elektrische Anlagen (Hausanschlusskasten, Verteilerkasten, Zähler, Hauptsicherungen) sollten Sie an einem hochwassersicheren Ort in den Obergeschossen anbringen lassen. In überflutbaren Räumen sollten die Elektroinstallationen mit einem Notschalter von der übrigen Installation getrennt abgeschaltet werden können. Sie sollten zusätzlich zur Absicherung nach VDE mit einem Fehlerstromschutzschalter versehen sein, der automatisch die Stromversorgung abschaltet.

Die Stromanschlüsse, also Schalter, Auslässe und Steck-
dosen, sollten Sie möglichst über der Hochwasserlinie
anordnen lassen. Bis zu diesen Anschlüssen sind die Elek-
trozuleitungen überflutungssicher zu installieren. Nach
Möglichkeit sollte in diesen Räumen ein Wasserstandsan-
zeiger angebracht sein, der eine Alarmanlage anspricht.

Heizungsinstallation

Heizungsanlagen sollten in den Obergeschossen hoch-
Heizkörper wassersicher installiert werden. Heizkörper sind nicht als
Konvektoren (auf Rohre oder Rohrprofile geschweißte, ge-
presste oder gelötete Aluminium-, Kupfer- oder Stahlblech-
Lamellen, die verkleidet werden), sondern ausschließlich
als Radiatoren (Glieder-, Röhren- und Plattenheizkörper)
Fußbodenheizung vorzusehen, am besten als Guss-Heizkörper. Bei Fußbodenheizungen sind besondere technische Regeln zu beachten.
Grundsätzlich sollten Sie in hochwassergefährdeten Gebieten nach Möglichkeit auf Ölheizungsanlagen verzichten. Das
Auslaufen von Öl aus undichten Stellen im Heizungssystem
oder am Heizöltank kann zu nachhaltigen Beschädigungen
des Gebäudes und der Inneneinrichtung führen. Darüber
hinaus besteht die Gefahr, dass austretendes Öl erhebliche
Verunreinigungen ober- und unterirdischer Gewässer verursacht. Gasheizungsan-lagen können dagegen hochwassersicher im Dachgeschoss des Hauses installiert werden.
Ist eine Umstellung auf andere Energieträger nicht möglich,
Absicherung müssen Sie den Tank zusammen mit allen Anschlüssen und
des Tanks Öffnungen (Öleinfüllstutzen, Belüftung etc.) so absichern,
dass von außen kein Wasser eindringen und kein Öl auslaufen kann. Außerdem muss der Tank durch geeignete Halterungen gegen Aufschwimmen gesichert werden. Den „kritischen Lastfall" im Hinblick auf das Aufschwimmen bildet
der nicht gefüllte Tank. Für das Bemessen der Halterungen
gegenüber Auftrieb ist daher vom leeren Tank auszugehen.

Tanks in beschichteten Auffangräumen

Stehen Tanks in beschichteten Auffangräumen, sind Veran-
kerungen im Bereich der Beschichtung möglichst zu vermeiden. Werden Tanks durch Verankerung in den Seiten-
wänden oder durch Abstützen gegen die Decke gegen
Auftrieb gesichert, müssen Drehbewegungen der Tanks un-
möglich gemacht werden.

Anlagenteile

Entlüftungsleitungen müssen so geführt werden, dass ihre
Mündungen nicht überflutet werden können. Sie sind fest
zu verankern und so auszuführen, dass sie durch äußeren
Wasserdruck oder Treibgut nicht beschädigt werden können. Befüllanschlüsse sind mit Dichtungen abzudichten.
Die Dichtung darf nur während des Befüllvorgangs entfernt
werden.

Schutz von Außenanlagen

Wie das Gebäude selbst, so müssen Sie auch die zugehöri-
gen Außenanlagen hochwassersicher planen. Dazu zählen
Gärten, Wege und Zufahrten, Terrassen, Garagen, Stell-
plätze samt ihren Überdachungen, Grundstückseinfriedun-
gen sowie alle in diesem Bereich befindlichen ober- und
unterirdischen Einrichtungen und Installationen.

**Zum Beispiel Wege,
Terrasse, Garage**

Unterirdische Tanks

Erdtanks müssen Sie gegen Auftrieb sichern. Dies kann
beispielsweise durch das Erhöhen der Erdüberdeckung,
eine den Tank überdeckende Betonplatte oder durch das
Verankern mit Stahlbändern in einer Betonbodenplatte erfolgen. Tanks müssen den äußeren Wasserdruck sicher
aufnehmen, d. h., sie müssen statisch für diesen Fall ausgelegt sein.

Oberirdische Tanks

Die Sicherung gegen Auftrieb bei oberirdischen Tanks kann beispielsweise durch eine Verankerung mit Stahlbändern im Boden erfolgen. Boden, Seitenwände oder Decke des Tanklagerraums müssen die Auftriebskräfte sicher aufnehmen können.

Garagen und Nebengebäude

Für Garagen und Nebengebäude gelten selbstverständlich die gleichen Grundsätze bezüglich der Ausführung wie für Wohngebäude. Sie sind vorzugsweise aus wasserbeständigen Baustoffen herzustellen. Elektrische Einrichtungen und Installationen sollten mit ausreichendem Bodenabstand angebracht werden. Benutzen Sie hochwassergefährdete Garagen nicht dauerhaft, z. B. als Abstellraum.

Gartenanlagen Wasserempfindliche Gartenanlagen, wie Holzzäune oder aus Holz hergestellte Gartenhäuser sowie Pergolen und Terrassenbeläge aus Holz, sollten vermieden werden. Mülltonnen und andere durch Hochwasser gefährdete Gegenstände sind wirksam zu verankern. Sie können auch in einem verschließbaren Behältnis passender Größe aufbewahrt werden, das sicher verankert ist.

Sanierungsmaßnahmen an hochwassergeschädigten Gebäuden

Wenn das Hochwasser wieder zurückgegangen ist, hinterlässt es feinsten, oft übel riechenden Schlamm, nasse Wände, eine Menge Unrat und zahlreiche Gebäudeschäden. Vor dem Durchführen von Aufräumarbeiten und Reparaturmaßnahmen sollten Sie den Schadenszustand per Foto und Notizen dokumentieren. Durch Überflutungsschäden entstandene Vergütungsansprüche für Reparaturen und eventuelle Ersatzansprüche sollten Sie bei Versicherungen oder Behörden schnellstmöglich anzeigen und zur umgehenden Schadenaufnahme durch einen Sachverständigen auffordern.

Entscheidend ist hierbei der **zusätzliche Abschluss einer Elementarschadenversicherung** (⤳ Seite 139). Nur dadurch sind Schäden infolge von Oberflächen- und Hochwasser abgesichert.

Mit den Aufräumarbeiten sollte unmittelbar nach dem Abklingen des Hochwassers und der Begutachtung begonnen werden. Durch das Antrocknen oder Eindringen der angeschwemmten Schmutzstoffe in Putz, Holz oder Böden entstehen schwer behebbare Schäden, zumindest aber wesentliche Mehrarbeit bei der Reinigung.

Zügiges Aufräumen

Beseitigen Sie Wasser und Schlamm daher möglichst, noch während das Hochwasser zurückgeht. Wenn der Schlamm erst fester geworden ist, macht seine Beseitigung bedeutend mehr Mühe. Spülen Sie den Schlamm mit viel Wasser aus den betroffenen Räumen. Verwenden Sie hierzu möglichst sauberes Flusswasser, das Sie mit einer Tauchpumpe an geeigneter Stelle ansaugen. Verwenden Sie Leitungswasser erst für den letzten Arbeitsgang des „Klarspülens".

Industrie- oder Nasssauger

Eine wesentliche Hilfe ist es, alles verbleibende Wasser samt Schlamm und Schmutz mittels spezieller Industriesauger oder Nasssauger so weit wie möglich abzusaugen. Diese Geräte sind in Baumärkten schon ab ca. 100 bis 200 Euro zu erstehen und haben eine sehr starke Saugleistung. Sie können auch grobes Material bis ca. 40 mm Durchmesser mit aufsaugen.

Tipp

In hochwassergefährdeten Gebieten sollten Sie vorbeugend einen Nasssauger anschaffen. Ist ein Hochwasserereignis eingetreten, sind die Geräte im weiten Umkreis möglicherweise nicht mehr zu bekommen.

Pumpen Sie einen in konventioneller, also gemauerter Bauweise errichteten Keller nicht zu früh aus – dies hat erst Sinn, wenn der Wasserspiegel im Keller von selbst deutlich fällt. Das Eindringen des Wassers in den Keller bedeutet in der Regel, dass das Kellergeschoss außen von Wasser umgeben ist. Wenn das Wasser um den Keller herum steht und der Keller leergepumpt wird, dann drückt das Wasser von unten und von den Seiten auf Fundament und Kellerwände. Risse können sich bilden, schlimmstenfalls brechen Fundament oder Kellerwände auf.

Beim Kellerauspumpen Gegendruck berücksichtigen

Das anströmende Wasser schwemmt auch Sand und Kies aus dem Untergrund heraus. Ein Absacken des Fundaments und Setzrisse in den Wänden sind die Folgen. Daher sollten Sie so viel Wasser im Keller belassen wie ringsum ansteht, um einen Gegendruck zu erzeugen und Kellerboden und -wände zu entlasten.

Möglichst unmittelbar, sobald alle Räume wieder begehbar sind, sollten Sie das Gebäude auf mögliche Schäden untersuchen. Zunächst betrifft dies Schäden am Bauwerk selbst, z. B. Risse, undichte Stellen oder Putzschäden. Nachfolgend müssen Sie Heizungs-, Sanitär- und Elektroinstallationen überprüfen lassen. Auch jetzt sollten Sie alle Schäden mit Fotos und Notizen dokumentieren.

Mauerwerk und Putz

Innenputz

Oft trifft man in Kellerräumen Gipsputz auf den Wänden an. Durch Feuchteeinwirkung wird die Festigkeit im Gipsputz so zerstört, dass auch der Trockenvorgang nichts mehr retten kann. Hier ist ein Austausch durch einen mineralischen Putz geboten, der gegen eventuelle Feuchteeinwirkung unempfindlich ist.

Den alten Gipsputz sollten Sie mit einem Schaber abkratzen und Reste mit dem Stahlbesen gründlich entfernen. Kalkzementputz auf einem gipshaltigen Untergrund führt unter Umständen zu neuen Putzschäden, da Gips mit Zementputz zerstörendes Schadsalz bilden kann.

Ein nachträglicher Anstrich mit Mineralfarbe direkt auf den abgetrockneten Putz ist sinnvoller als ein Verkleben von Tapeten mit nachfolgendem Anstrich.	**Tipp**

Außenfassade

Sofern eine Salzbelastung ausgeschlossen und das Mauerwerk nach dem Entfernen des geschädigten Putzes ausgetrocknet ist, können Sie mit mineralischen Putzen auf der Basis von Zement bzw. hydraulischen Kalken sanieren lassen. Die Trocknungszeit für Außenwände kann deutlich über einem Monat liegen. Im Zweifelsfall bringt eine Feuchteuntersuchung durch Fachleute Gewissheit.

Für Gebäude, bei denen Wandbereiche wie z. B. Spritzwassersockel sehr oft durchfeuchtet werden, kann ein Putzaustausch durch einen sogenannten Feuchte-Regulierputz hilfreich sein. Dieser Sanierputz kann auch bei 100 % Wandfeuchte aufgebracht werden. Er bewirkt die stete Verdunstung der Feuchtigkeit und fördert vorhandene Salze zur Putzoberfläche, die dann abgekehrt werden können. Als Anstrich sind hierbei nur Silikatfarben zulässig.

Feuchte-Regulierputz häufig hilfreich

Für ölverseuchten Außenputz gilt dasselbe wie bei einer Innenraumbelastung. Lassen Sie durch Fachleute sicherstellen, dass gesundheitliche Gefährdungen durch Ölausdünstungen ausgeschlossen sind bzw. das Mauerwerk nicht mehr mit Öl oder anderen Schadstoffen belastet ist. Unter Umständen empfiehlt es sich, einen Putzträger zu verwenden, um Haftungsprobleme auszuschließen.

3

Rissbildung

Die Außenfassade ist auf eventuell entstandene Risse, Farb- und Putzschäden zu prüfen.

Treten stark erkennbare Risse auf, die bereits unter dem Dach beginnen und über die Giebelwand nach unten über die Außenwände der Folgegeschosse hinunterführen, kann es sich um **Setzrisse** handeln. Sie sind meist auch an gleicher Stelle auf der Rauminnenseite der Außenwand erkennbar, bis hinunter zum Kellerboden. In diesem Fall sollten Sie einen Statiker (Tragwerksplaner) oder Sachverständigen mit der Beurteilung der Risse beauftragen. Er muss insbesondere feststellen, ob sich eine Beeinträchtigung bei der Stabilität des Mauerwerks ergeben hat.

Hinweis In gravierenden Fällen könnte sogar Einsturzgefahr bestehen. Hier müssen von Fachexperten Aussagen über die eventuellen Gefahren und die weitere Vorgehensweise bei der Sanierung getroffen werden.

Bei reinen Putzschäden, die infolge von mechanischen Einwirkungen wie z. B. von mitgeführtem Treibgut hervorgerufen wurden, sind oft nur Putzausbesserungen und Farberneuerung erforderlich.

Putzabplatzungen durch Feuchte im Mauerwerk

Bei länger anhaltender Feuchte im Mauerwerk, verursacht durch Hochwasser, kann es zu Putzabplatzungen kommen. Hier sind folgende Faktoren entscheidend:

◊ **Der Feuchtetransport im Mauerwerk bzw. die Wassersaugfähigkeit der Mauersteine.**
Hierunter versteht man die Wassermenge, die ein Baustoff pro m² Fläche in einer Zeiteinheit aufnehmen kann.

Dies ist bei der Wasseraufnahme in flüssiger Form von der Kapillarität (Wassersaugfähigkeit über mikroskopisch feine Äderchen) des Bausteins abhängig.
Das Wasser steigt somit im Mauerwerk höher auf als der Wasserspiegel des z. B. im Keller eingedrungenen Hochwassers.

● **Die Wasserdampfdurchlässigkeit des Außenanstrichs und des Außenputzes.**
Man versteht darunter auch den Diffusionswiderstand einer Schicht, wie Putzschicht oder Farbschicht.
Dies bedeutet: Je kleiner der Widerstandswert ist, desto durchlässiger sind die jeweiligen Schichten in Bezug auf Wasserdampf.

3

Sind im Mauerwerk der Feuchtigkeitstransport hoch und die Putz- und Farbschicht zu dicht, kommt es durch den im Winter von innen nach außen wirkenden (von der warmen zur kalten Seite) Wasserdampfdruck zu Schäden durch Farbablösungen oder zu Putzabplatzungen.

Hinweis

Sanierung durch Anwendung neuer Farben und Putze
Die beschriebenen Erkenntnisse der Bauphysik haben zur Entwicklung neuer Produkte geführt.
Die dichteren Dispersionsfarben und Polymerisatfarben wurden abgelöst von den weniger dichten Farben wie den Silikatfarben und den Siliconharz-Emulsionsfarben, auch „Mineralfarben" genannt.
Diese neue Farbgeneration besitzt eine ausgezeichnete Wasserabweisung und eine sehr gute Wasserdampfdurchlässigkeit. Sie eignen sich für alle mineralischen Untergründe.

„Mineralfarben"

Leichtputze

Dichte Putze mit hohem Zementanteil wurden abgelöst von sogenannten Leichtputzen, die als Kalk-Zement-Leichtputze nach DIN 18850 auf den Markt gekommen sind.
Für eine Sanierung der durch Hochwasser entstandenen Schäden ist demnach die Anwendung der neuen Farb- und Putzgeneration zu empfehlen.
Dazu sollten Sie den entstandenen Feuchteschaden durch einen neutralen Fachexperten überprüfen und einen auf die örtliche Situation abgestimmten Sanierungsvorschlag erstellen lassen.

Möglichkeiten der Gebäudetrocknung

Bei Überschwemmungen dringt die Feuchtigkeit bis in den Kern von Wänden vor und durchfeuchtet Bodenaufbauten, Dämmschichten und Holzbalkenkonstruktionen. Durch die eingebauten Dampf- und Feuchtigkeitssperren ist das Wasser regelrecht in Dämmschichten oder Wänden eingeschlossen. Dampfdichte Bodenbeläge und verwendete Kleber sorgen dafür, dass die einmal eingedrungene Feuchtigkeit nicht von selbst wieder ablüften kann. Dauerschäden, Schimmelpilzbefall und Modergeruch sind die Folgen. Um dies zu verhindern, sollten Sie nach einem Wasserschaden bald mit einer technischen Austrocknungsmaßnahme beginnen. Fachlicher Rat ist dabei unerlässlich!

Bautrocknung
Bei großflächigen Durchfeuchtungen im Wand- und Bodenbereich werden zur technischen Trocknung Kondensations- oder Adsorptionstrockner installiert. Diese Geräte werden in den zu trocknenden Räumen aufgestellt und kondensieren die in der Raumluft enthaltene Feuchtigkeit, die dann aufgefangen oder direkt abgeleitet wird.

Nach Möglichkeit sollten zur Oberflächen- und Wandtrocknung zusätzlich Turbogebläse aufgestellt werden. Diese erzeugen eine starke Luftzirkulation, wodurch eine wesentlich kürzere Trocknungszeit erreicht wird. Beim Trocknen einer Kelleretage müssen mindestens 2 bis 3 Geräte aufgestellt werden, um zeitgleich die Trocknung vornehmen zu können. Die Geräte sind bei Maschinenverleihfirmen ausleihbar.

> **Tipp**
>
> In hochwassergefährdeten Gebieten sollten Sie ein Trockengerät anschaffen, bevor das Wasser steigt. Ist ein Hochwasserereignis eingetreten, sind die Geräte im weiten Umkreis möglicherweise nicht mehr zu bekommen.

3

Bei stellenweiser Durchfeuchtung im Wandbereich wird eine Kunststoff-Folie vor die betroffene Wandfläche gespannt und extrem vorgetrocknete Luft hinter diese Folie geblasen. Mit diesem „Luftkissen" kann die Trocknung gezielt auf die durchfeuchteten Wandbereiche begrenzt werden.
Zwischen Doppel- und Reihenhäusern befindet sich innerhalb der Haustrennwand (zweischaliges Mauerwerk) eine Dämmschicht, die bei Wasserschäden auf natürliche Weise nicht austrocknen kann. Um Folgeschäden auszuschließen, wird über Kernbohrungen vorgetrocknete Luft, meist in der Gebäudemitte, in die Dämmschicht eingeblasen und über ebenfalls gesetzte Entlastungsbohrungen ein Austritt der feuchten Luft aus der Dämmschicht sichergestellt.

Folgeschäden vermeiden

Schachttrocknung
Viele Rohrleitungsbrüche sind auf frühere, nicht fachgerecht sanierte Wasserschäden zurückzuführen. Es empfiehlt sich daher, nach eingetretenen Wasserschäden auch Boden- oder Wandschächte entfeuchten zu lassen, sodass eine Korrosion an den in den Schächten befindlichen Leitungen verhindert wird.

Wie bei allen Hohlraumtrocknungen wird über ein Trocknungsgerät Luft mittels eines Schlauchsystems in die Schächte eingeblasen. Sie durchströmt die Schächte und sorgt für einen ständigen Abbau des Feuchtigkeitsgehaltes.

Fußbodensanierung

Estrichtrocknung

Handelt es sich um einen durchnässten **Zement-Verbundestrich**, also einen Estrich, der ohne Dämmplatten direkt auf der Rohbetondecke oder der Bodenplatte aufgebracht ist, dann ist mit den Kondenstrocknungsgeräten das Trocknen möglich. Voraussetzung ist allerdings, dass der Bodenbelag auf dem Estrich es zulässt. Eventuell müssen die Oberbeläge samt den Kleberresten entfernt werden, damit eine Kondenstrocknung durchgeführt werden kann. (⟶ Oberbeläge auf Estrich, Seite 11)

Dämmschichttrocknung bei schwimmendem Estrich

Ist ein **Zementestrich** auf Dämmplatten massiv durchnässt, müssen eventuell die Oberbeläge samt den Kleberresten entfernt werden, sodass die Feuchtigkeit über eine Raumluft- oder Oberflächentrocknung abgegeben werden kann. Um auch die **Dämmplatten** trocknen zu können, werden in den Estrich bis zur Dämmschicht eine entsprechende Anzahl Löcher gebohrt, in die über flexible Schläuche Heißluft in die Dämmplatten geblasen wird.
Zusätzlich werden die Sockelleisten entfernt, damit die eingeblasene Luft aus der offenen Fuge zwischen Wand und Estrich austreten kann und so die Feuchtigkeit den Trocknungsgeräten zugeführt wird.

Hinweis Sollte sich im Estrich eine **Fußbodenheizung** befinden, muss diese vor Beginn der Bohrarbeiten mittels einer Thermografiekamera oder eines Infrarotmessgeräts sichtbar gemacht werden. Können die Kernbohrungen aufgrund von baulichen Gegebenheiten nicht von oben durch den Estrich gesetzt werden, lassen sich die erforderlichen Lufteintritts- kanäle z. B. von unten durch die Betondecke bohren. Dies hat sich insbesondere in Erdgeschossbereichen bei unter- kellerten Gebäuden bewährt.

Ein weiteres verbreitetes Verfahren zur Dämmschichttrock- nung ist das **Randleistensystem**. Zur Austrocknung werden hierbei die Randstreifen im Bereich der Estrichrandfuge entfernt. Über ein Schlauchsystem wird die vorgetrocknete Luft mit hohem Druck in die Dämmschicht eingeblasen. Sie durchstreift die Dämmschicht und entweicht an der gegen- überliegenden Wand als Feuchtluft, die vom Trocknungsge- rät wieder entfeuchtet wird.
Soll bei der technischen Austrocknung sichergestellt wer- den, dass keine feuchte oder eventuell mit Keimen oder Fasern belastete Luft in die Raumluft entweicht, empfiehlt sich das Vakuumsystem. Bei diesem Trocknungsverfahren wird die feuchte Luft aus den Hohlräumen abgesaugt. Durch einen vorgeschalteten Mikrofilter ist eine Belastung der Raumluft ausgeschlossen.

Gussasphalt-Estrich ist gegen Feuchtigkeit immun. Der Trocknungsvorgang ist nur für die Dämmschicht notwen- dig, wie zuvor beschrieben.

Bei allen beschriebenen Verfahren ist der Rat von Fach- leuten notwendig, um die Geräte wirkungsvoll einzuset- zen und keine Folgeschäden hervorzurufen. **Tipp**

Die vorgeschlagenen Trocknungsverfahren können nur bei schwimmendem Zement- oder Gussasphalt-Estrich ange- wendet werden. **Anhydrit- oder Trockenestriche** werden durch Feuchtigkeitseinwirkung nachhaltig zerstört und eignen sich daher nicht für den Einbau in Räumen, die hochwassergefährdet sein können.

Der feuchte Estrich einschließlich Dämmung muss entfernt und entsorgt werden. Anschließend sollten Sie einen Zementestrich auf einer Dämmschicht einbringen lassen. Ist jedoch eine schnelle Nutzung der Räume dringend notwendig, kann ein Gussasphalt-Estrich eingebracht werden, auf den schon am nächsten Tag der Bodenbelag aufgebracht werden kann.

Zementestrich ist erst nach einer Abbindezeit von 21 Tagen bei mindestens +5 °C Raumtemperatur für Beläge verlegereif.

Oberbeläge auf Estrich

PVC-Bodenbeläge mit Filzauflage oder **Teppichbodenbeläge** sind zu entfernen und zu entsorgen, da sie infolge von Feuchteeinwirkung Blasen bilden und nicht mehr verwendbar sind. Bei fest verklebten Belägen muss der Estrich durch Abschleifen von Kleberresten gereinigt und nach Erfordernis gespachtelt werden.

Bei Belag aus **keramischen Fliesen** auf schwimmendem Zementestrich werden durch die Fugen Löcher in den Estrich bis auf die Dämmschicht gebohrt und ebenfalls Heißluft in die Dämmschicht eingeblasen. Hier kann es zum Ablösen vereinzelter Fliesen kommen. Die Sockelfliesen sind ebenfalls zu lösen und eine freie Fuge zur Wand herzustellen, die nach Trocknung dauerelastisch verfüllt werden muss.

Ein **Laminatbelag** verliert bei starker Feuchteeinwirkung die Form. Er wölbt sich an den Stößen auf und verformt sich in der Fläche. Diese Verformung nennt man Schüsseln. Der Belag muss entfernt und entsorgt werden. Die Estrich- und Dämmschichttrocknung muss wie zuvor beschrieben erfolgen. Der Estrich muss von Kleberresten durch Abschleifen gereinigt und nach Erfordernis gespachtelt werden.

Holzparkett vergrößert durch Feuchte sein Volumen. Es wölbt sich in der Raummitte hoch und muss ersetzt werden. Die Estrich- und Dämmschichttrocknung muss wie zuvor beschrieben erfolgen. Bei fest verklebtem Parkett muss der Estrich durch Abschleifen von Kleberresten gereinigt und nach Erfordernis gespachtelt werden.

Wahl der Ersatzbeläge

Falls eine Überflutung der betroffenen Räume nicht auszuschließen ist, wird ein feuchteunempfindlicher Belag, z. B. aus keramischen Fliesen, oder ein homogener Kunststoffbelag als **Ersatzbelag** empfohlen (····▷ Tabelle: Verwendungsbereiche für Baustoffe, Seite 96).

Deckensanierung

Verputzte Massivdecken

Ist auf die Deckenunterschicht Gipsputz aufgebracht, dann ist eine Putzerneuerung nur dann erforderlich, wenn das eingedrungene Wasser mit dem Putz in Berührung kam und ihn völlig durchnässt hat. Lässt sich der Putz mit Daumendruck verformen, muss ein Austausch stattfinden. Als Ersatz ist ein mineralischer Putz zu empfehlen.

„Daumenprobe"

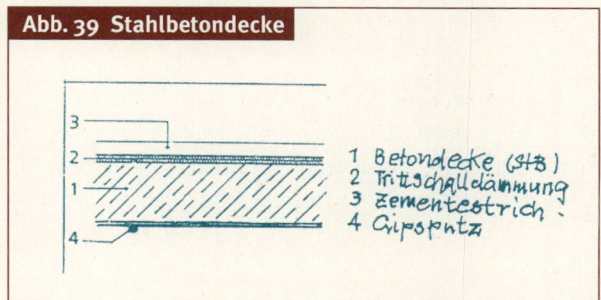

Abb. 39 Stahlbetondecke

1 Betondecke (StB)
2 Trittschalldämmung
3 Zementestrich
4 Gipsputz

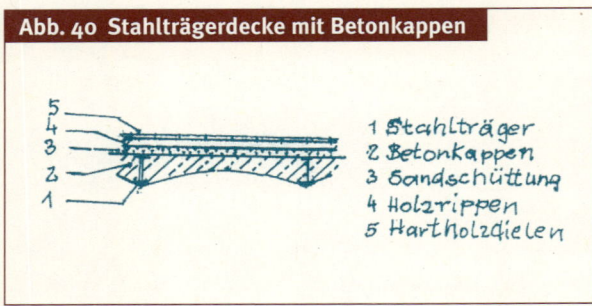

Abb. 40 Stahlträgerdecke mit Betonkappen

1 Stahlträger
2 Betonkappen
3 Sandschüttung
4 Holzrippen
5 Hartholzdielen

Holzbalkendecke

Zwischen den einzelnen Balkenlagen befinden sich Kies- oder Lehmschüttungen, auch Schlacke oder Dämmstoffe. Normalerweise werden die für die Entfeuchtung notwendigen Lufteinblasbohrungen von unten durch die Decke vorgenommen, da diese ohnehin nach dem Erledigen der Trockenlegungsarbeiten neu verputzt oder gestrichen werden muss.

Sollte ein aufgelegter Holzdielenboden ebenso massiv durchfeuchtet sein, empfiehlt es sich, eventuell vorhandene dampfdichte Beläge zu entfernen, sodass der Boden auch nach oben abtrocknen kann.

Wurde die Decke durch im Erdgeschoss eingedrungenes Hochwasser durchnässt, dann sind mehrere Bauteile davon betroffen (---> Abb. 40).

Bodenbelag auf Holzdecken

Handelt es sich beim Belag um Hartholzdielen, direkt auf Deckenbalken oder Holzrippen montiert, dann sind auch nach einem Trocknungsvorgang meist keine Schäden bzw. Verformungen festzustellen und die Dielen können belassen werden. Eine Oberflächenbehandlung wird aber meistens erforderlich.

Oberflächenbehandlung

Ist nach dem Entfernen des Bodenaufbaus erkennbar, dass im Deckenzwischenraum Dämmstoffe, Schlacken- oder

Bimsbeton vorhanden sind, muss vor dem Schließen der Decke von oben und nach dem Öffnen der Deckenbekleidung von unten eine Trocknungsmaßnahme für dieses Bauteil durchgeführt werden.

Weiterhin sollten Sie sowohl von oben als auch von unten prüfen oder prüfen lassen, ob die Balkenköpfe noch stabil und nicht von Fäulnis oder Schimmel betroffen sind.

Balkenköpfe prüfen

Ein eventuell vorhandener Holzfehlboden unter dem vorhandenen Leichtbeton des Balkenzwischenraums ist ebenfalls auf Fäulnis oder Schimmelbildung zu prüfen.

Sind verschiedene Balkenköpfe im Auflagerbereich durch Fäulnis instabil, so müssen die Balkenköpfe nach vorherigem Abstützen der Balken abgesägt und beispielsweise mit U-Schienen angeschuht werden.

Sind die Fehlböden ebenso schadhaft, dann müsste der Leichtbeton einschließlich des Fehlbodens ausgebaut und eventuell ersetzt werden. Bei geringem Befall sind einschlägige Holzschutzmaßnahmen zu ergreifen.

Sind Fußbodenbeläge auf Spanplatten als sogenannte Lastverteilungs- und Trägerplatten aufgelegt, dann ist sehr oft eine Verformung der Spanplatten, auch bei Qualität V 100 (geeignet für Innenanwendungen im Feuchtbereich) zu erwarten. Die sogenannte Verwerfung der Platten kann sich durch die Trocknung allerdings noch verstärken. Nach dem Feststellen einer Verformung ist die Demontage der Spanplatten einschließlich des Belags unumgänglich.

Trocknung kann Verwerfung von Platten verstärken

Bei der Sanierung dieses Fußbodenaufbaus ist es empfehlenswert, statt Trägerplatten freitragende Schwalbenschwanzbleche, Profilhöhe 16 mm, quer zu den Holzbalken zu verlegen. In die Sicken (Blechvertiefungen) wird Zementestrich eingebracht und eine Estrichhöhe von insgesamt 50–55 mm hergestellt.

Bei erforderlicher Trittschalldämmung sind auf die Holzbalken, noch vor der Montage der Bleche, Trittschalldämmstreifen aufzubringen.

3

Nach dem Abbinden des Estrichs (21 Tage bei mind. + 5 °C) kann ein feuchteunempfindlicher Belag nach den werksmäßigen Verlegevorschriften aufgebracht werden.

Deckenbekleidung
Besteht die Deckenbekleidung aus Gipskartonplatten, ist auch hier zu prüfen, ob durch das Einwirken der hohen Luftfeuchtigkeit bzw. durch den Wassereintritt die Platten geschädigt wurden.
Trifft dies zu, müssen die Platten demontiert und entsorgt werden, was möglicherweise auch für die Unterkonstruktion zutreffen wird.
Nach der Demontage der Deckenbekleidung ist zu prüfen, ob die eventuell im Deckenzwischenraum befindliche Wärmedämmung oder Lehmstakung so stark durchnässt ist, dass ein Austausch erforderlich wird oder ob eine Trocknungsmaßnahme sinnvoll erscheint.

Geschosstreppen

Erstes Augenmerk auf Stabilität und Sicherheit

Treppen gleich welcher Bauart sind zuerst auf Stabilität und Sicherheit zu untersuchen. Gefährdet sind z. B. bei Holz- oder Stahltreppen die Auflager- und Befestigungspunkte der Treppenwangen und -holme.
Auch freitragende Holzstufen sind an den Auflager- und Befestigungspunkten genau zu überprüfen. Nach der Gebäudetrocknung ist es durchaus möglich, dass sich Massivholzstufen verformt haben bzw. Risse aufzeigen. Von einem Holztreppenbauer (Schreiner- oder Zimmermeister) sollten Sie feststellen lassen, ob diese Stufen ausgetauscht werden müssen oder durch maßgefertigte Echtholzstufen überbaut bzw. saniert werden können. Als Holzart eignen sich nur Harthölzer wie Eiche oder Buchenholz.

Haustechnische Installationen

Alle Versorgungsleitungen, wie Elektro-, Gas- und Wasser-
installation, sind auf Funktionstüchtigkeit und Dichtheit zu
prüfen.
Durch eine Videoendoskopie ist die Abwasserleitung auf
Schäden oder eine mögliche Verstopfung zu prüfen. Für
diese Überprüfungen sollten Sie fachkundige Handwerksmeister oder Sachverständige beauftragen.

**Fachkundige
Überprüfung**

Bei Kalt- und Warmwasserleitungen und Heizleitungen aus
Stahlrohr besteht die Gefahr der Korrosion (Rostbildung).
Alte Leitungssysteme sind oft im Rohrinneren noch stärker
korrodiert als von außen. Dies lässt sich anhand von Lei-
tungsdruckmessungen leicht feststellen. Auch die Fließ-
menge je Minute kann bei Wasserleitungen durch inneren
Rostansatz stark verringert sein.
Der Austausch eines solchen Leitungssystems durch z. B.
Kupferrohrleitungen ist empfehlenswert.

3

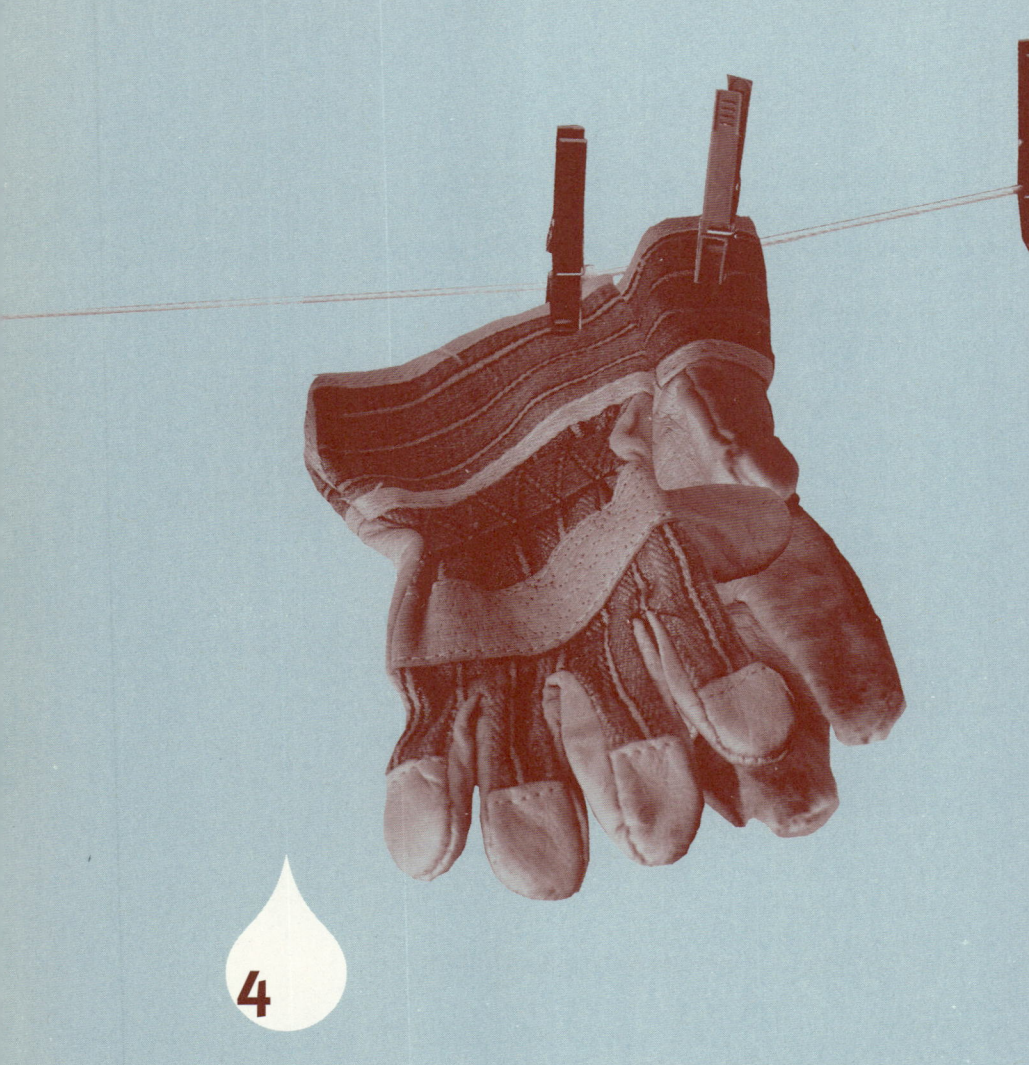

4

Durchführung der Sanierung

💧 Planung
💧 Vertrag
💧 Abwicklung

Wenn durch einen Sachverständigen die Ursachen von Feuchte in oder an einem Gebäude zweifelsfrei festgestellt werden konnten, wird er auf Nachfrage auch Vorschläge zur Sanierung unterbreiten. Diese Vorschläge sind meist Ausgangspunkt für eine Sanierungsplanung.

Die Planung

Eine Sanierungsplanung umfasst neben den technischen Aspekten auch logistische Überlegungen (nicht jede Maschine passt durch jede Tür, nicht jeder LKW in jede Einfahrt) sowie Zeit- und Belegungsplanungen eines Gebäudes. Beispiel Zeitplanung: Bei einem feuchten Keller können nicht alle Kellerwände gleichzeitig freigegraben werden (Erddruck / Kellerstatik). Auch die Trocknung selbst kann dauern. Beispiel Belegung: Welche Geschosse oder Räume sind betroffen, wie werden sie während der Sanierung belegt bzw. nicht belegt?
Bei größeren Sanierungen ist es sinnvoll, einen in der Planung solcher Sanierungen erfahrenen Fachmann, wie z. B. einen Architekten, einzuschalten.

Technische und logistische Aspekte

4

Die Zusammenarbeit mit einem Architekten

Erfahrene Fachleute finden Sie, indem Sie Gutachter oder Sachverständige für Schäden an Gebäuden nach entsprechend erfahrenen Architekten fragen. Auch bei den Landesarchitektenkammern und ihren Bezirken kann man sich informieren. Am einfachsten können Sie im Branchenbuch „Gelbe Seiten" Ihres Heimatortes unter „Architekten" bzw. „Architekturbüros" nachsehen und bei 10 bis 20 mit einem Serienbrief anfragen, ob die Firmen Erfahrung mit entsprechenden Sanierungen haben und Referenzen benennen können. Diese Referenzen sollte man sich dann zunächst ansehen und mit den Eigentümern der sanierten Gebäude sprechen. Im Einzelfall können ggf. auch regionale Eigentümervereinigungen, wie z. B. Haus und Grund (www.hausundgrund.de), erfahrene Architekten benennen. Der Bauherrenschutzbund (www.bsb-ev.de), der Verband privater Bauherren (www.vpb.de) und Wohnen im Eigentum (www.wohnen-im-eigentum.de) bieten ebenfalls ein Netz regionaler Planer. Bei Einschaltung dieser Fachleute sollten ebenfalls Referenzsanierungen benannt werden können.

Kleinere Sanierungen Kleinere Sanierungen hingegen können auch direkt mit Handwerkern abgewickelt werden. Es sollte sich dann aber tatsächlich um kleinere, überschaubare Maßnahmen handeln. Voraussetzung ist immer, dass die Ursache des Feuchteschadens eindeutig und klar durch einen bauphysikalisch versierten Fachmann erkannt und geklärt ist und detaillierte Vorschläge zur Sanierung auf dem Tisch liegen.

Ein Architekt arbeitet auf Basis der sogenannten Honorarordnung für Architekten und Ingenieure (HOAI). Die HOAI kennt insgesamt neun Leistungsphasen, die vor allem auf den klassischen Neubau zugeschnitten sind:

Leistungsphase	Prozentualer Anteil am Gesamthonorar
1. Grundlagenermittlung	3 %
2. Vorplanung	7 %
3. Entwurfsplanung	11 %
4. Genehmigungsplanung	6 %
5. Ausführungsplanung	25 %
6. Vorbereitung der Vergabe	10 %
7. Mitwirkung bei der Vergabe	4 %
8. Objektüberwachung	31 %
9. Objektbetreuung und Dokumentation	3 %
Gesamt	100 %

Alle Leistungsphasen können auch einzeln beauftragt werden. Im Zusammenhang mit einer Sanierung sind häufig nur die Leistungsphasen 6 bis 8 (Vorbereitung bzw. Mitwirkung bei der Vergabe und Objektüberwachung) notwendig. Die Leistungsphase 9 „Objektbetreuung und Dokumentation" wird meist beauftragt, wenn umfangreichere Arbeiten mit gewissem Baumängelrisiko durchgeführt werden oder grundsätzlich eine Betreuung durch den Architekten auch während der Gewährleistungszeit der Handwerkerarbeiten gewünscht ist. Das Honorar des Architekten errechnet sich relativ kompliziert über Honorartabellen nach der HOAI. Dort werden über die anrechenbaren Kosten und sogenannte Honorarzonen, die sich am Schwierigkeitsgrad des Bauvorhabens orientieren, die Honorare ermittelt. Unter www.bundesrecht.juris.de/bundesrecht/aihono/gesamt.pdf können Sie den kompletten Verordnungstext und die Honorartabellen einsehen. Unabhängig davon sollten Sie aber von Ihrem Architekten vor Beauftragung eine schriftliche Aussage zur Höhe des wahrscheinlich anfallenden Honorars einholen. Kommen neben der Sanierung noch Umbauten oder Modernisierungen hinzu, kann sich das Honorar schnell erhöhen, da Architekten gemäß der HOAI auch Modernisierungs- bzw. Umbauzuschläge verlangen können (§ 24 HOAI), und zwar zwischen 20 und 33 % des Honorars. Außerdem kann die mitverarbeitete Bausubstanz angerechnet werden (§ 10 HOAI). Auch dies kann das Honorar erheblich erhöhen. Daher ist es wichtig, dass solche Punkte vorab mit dem Architekten schriftlich geregelt werden.

Ermitteln des Honorars

4

Im Rahmen der HOAI kann man einen Architekten im Falle bestimmter Sanierungen, die nur ein sporadisches Eingreifen eines Fachmanns erfordern, auch auf Stundenlohnbasis beauftragen. Die HOAI sieht Stundensätze zwischen 38 und 82 Euro vor. Dies kann gut investiertes Geld sein,

Honorierung nach Stundenlohn

wenn es zu einer besseren Vorbereitung, Durchführung und Abnahme der Handwerkerarbeiten führt.

Ein Architektenvertrag wird auf der Basis des BGB-Werkvertragsrechts geschlossen. Häufig gehen Akquisition und erste Leistungen eines Architekten fließend ineinander über. Dies sollte vermieden werden, indem von Anfang an ein Vertrag geschlossen wird, in dem der Leistungsumfang, die Abrechnungsmodalitäten und auch die Kündigungsmodalitäten klar geregelt werden, ferner natürlich Honorarsatz und Nebenkosten. (Weitere ausführliche Hinweise bietet der Ratgeber der Verbraucherzentralen „Planen und Bauen mit dem Architekten".) Bei höheren Vertragssummen ist auch die präventive Einschaltung eines Fachanwalts für Bau- und Architektenrecht zu empfehlen. Diese Fachanwälte finden Sie z. B. bei der Arbeitsgemeinschaft für Bau- und Immobilienrecht im Deutschen Anwaltverein (www.arge-baurecht.com) oder im örtlichen Branchenbuch „Gelbe Seiten" unter dem Stichwort „Anwälte" und dem Fachgebiet oder Interessenschwerpunkt „Bau- und Architektenrecht (online unter www.gelbeseiten.de).

Was im Vertrag stehen sollte

Die Zusammenarbeit mit Handwerkern

Bei umfangreicheren Sanierungsarbeiten (z. B. Neueindeckung des Daches oder Auswechselung von Teilen des Dachstuhls) wird ein beauftragter Architekt üblicherweise dazu raten, die Handwerkerleistungen auszuschreiben. Vorteil bei diesem Vorgehen: Der Architekt erkundet den Leistungsumfang, er legt ihn fest und schreibt ihn aus. Darüber hinaus legt er aber auch den rechtlichen Rahmen der vertraglichen Zusammenarbeit fest. Diese Ausschreibung wird dann verschiedenen Handwerksunternehmen zugesandt, die auf dieser Basis ein Angebot kalkulieren und zurücksenden können, sodass man einen transparenten Preisvergleich hat.

Die Ausschreibung

Nicht immer aber ist ein solches Vorgehen ohne Weiteres möglich. Bei einem undichten Dach funktioniert dies sehr gut, da hier mit den Dachdeckerbetrieben die benötigten Fach-Handwerker in der Regel einfach und gut gefunden werden können. Ist eine spezielle Sanierung vorgesehen, beispielsweise die Trockenlegung einer Kelleraußenwand über Injektionsverfahren, wird es schnell komplizierter. Dann muss man sich erst einmal auf die Suche nach geeigneten und vor allem erfahrenen Handwerksunternehmen machen. In solchen Fällen muss es nicht zwangsläufig zu einer Ausschreibung kommen. Allerdings ist die Transparenz der Kosten eines Angebots und dessen sorgsame inhaltliche Prüfung durch einen Fachmann dann sehr wichtig. Bestehen Zweifel an der Tauglichkeit des angebotenen Sanierungssystems, können Rücksprachen mit dem Gutachter bzw. Sachverständigen erfolgen. Auch die Handwerkskammern oder Industrie- und Handelskammern können helfen. Unter www.handwerkskammer.de bzw. www.ihk.de gelangen Sie zu den regionalen Kammerinformationen und Firmendatenbanken; das Branchenbuch „Gelbe Seiten" kann über die Stichwortsuche, wie z. B. „Bausanierung", ebenfalls Hinweise liefern. Bei überregional gesuchten Spezialisten kann eine eigene Internetrecherche sinnvoll sein.

Evtl. Prüfung eines Angebots durch einen Fachmann

Tipp

Örtliche Baugenossenschaften und Wohnungsbaugesellschaften haben meist langjährige Sanierungserfahrung in ihrem Gebäudebestand und können manchmal gute Betriebe benennen.

Wie immer man einen geeigneten Handwerker sucht und findet, wichtig ist grundsätzlich, dass das Unternehmen Referenzen von Objekten vorweisen kann, die mit der gleichen Sanierungsmethode bereits erfolgreich saniert wurden. Sie sollten sich diese Objekte ansehen und mit den Eigentümern sprechen.

4

Nicht alle Sanierungsmethoden, die am Markt angeboten werden und schnelle Besserung der Lage versprechen, sind seriös. Daher ist es wichtig, gute Handwerkerangebote mit seriösen Referenzen von eher windigen Angeboten zu unterscheiden (⋯⟶ Infokasten). Regionale Handwerker mit regionalen Referenzen, die gut überprüfbar sind, eignen sich daher für unproblematische, kleinere Sanierungsvorhaben.

Wenn Sie bei Handwerkern selbst Kostenvoranschläge oder Angebote einholen, sollten die Handwerker zuvor die Sanierungsörtlichkeit persönlich in Augenschein genommen haben. Mehrere Kostenvoranschläge oder Angebote können Sie später insofern vergleichen, als dass Sie schauen können, wer welche Leistungen anbietet oder – im Gegensatz zu einem anderen Kostenvoranschlag oder Angebot – nicht aufgeführt hat.

Kostenvoranschlag und Angebot – die Unterschiede

Zwischen einem Kostenvoranschlag und einem Angebot gibt es Unterschiede. Ein Kostenvoranschlag ist üblicherweise unverbindlicher als ein konkretes Angebot. Häufig wird hier nur relativ pauschal und undifferenziert ein Preis benannt. Ein Angebot hingegen ist üblicherweise differenzierter aufgeschlüsselt und verbindlicher, wenn es Vertragsgrundlage wird. Ein Kostenvoranschlag kann auch zu Kostensteigerungen führen, die einzuräumen sind, wenn eine „unwesentliche Überschreitung" vorliegt. Die Gerichte sehen Kostensteigerungen zwischen 10 und 20 % als hinzunehmen an. Kostenvoranschläge selbst sind kostenfrei zu erstellen, wenn vorher nichts anderes vereinbart war und Sie nicht anderen Regelungen zugestimmt haben.

Achtung, wenn ein „Angebot" ins Haus schneit

Vorsicht ist geboten, wenn es an Ihrer Haustür klingelt und Handwerker ohne Anmeldung vor der Tür stehen und Ihnen z. B. ein sehr günstiges Angebot zur Dachrinnenreinigung unterbreiten, weil man ohnehin in der Gegend sei. Kurz darauf kommen die Handwerker dann mit der Hiobsbotschaft vom Dach herunter, dass dringend Weiteres gemacht werden müsse, evtl. sogar Gefahr im Verzug sei. Zum Glück habe man gerade passendes Material dabei und brauche nur kurz eine Unterschrift. Ähnliches Vorgehen kann auch Keller- oder Balkonabdichtungen betreffen. Bei solchem Vorgehen handelt es sich um ein Haustürgeschäft, das Sie widerrufen können. Das Problem ist nur, dass üblicherweise nicht nur eine Unterschrift verlangt wird, sondern sofort danach eine Leistung erfolgt, die dann auch abrechenbar ist. Selbst wenn Sie stutzig werden und die Arbeiten wenig später abbrechen lassen, müssen Sie die bis dahin geleisteten Tätigkeiten ggf. bezahlen. Das können sehr schnell fünfstellige Summen sein, denn in einer halben Stunde kann man z. B. durchaus ganze Teile eines Daches abdecken und das Material entsorgen.

Lassen Sie sich also keinesfalls auf unangekündigt klingelnde Handwerker oder entsprechende Werbeanrufe ein. Werden die Handwerker aufdringlich, verweisen Sie darauf, dass Sie kurz bei der Handwerkskammer oder Handwerkerinnung anrufen möchten, um den Betrieb überprüfen zu lassen. Sie werden dann in der Regel sehen, wie rasch die Handwerker abziehen. Notieren Sie sich aber Namen und KFZ-Kennzeichen. Die regionalen Handwerkskammern oder Handwerkerinnungen sind für Hinweise dankbar, um andere Verbraucher warnen und seriöse Betriebe schützen zu können.

4

Auch ein Angebot sollte kostenfrei erstellt werden. Mehrkosten müssen Ihnen üblicherweise mitgeteilt werden, wenn sie absehbar sind und bevor sie anfallen.

Der Vertrag

Haben Sie einen geeigneten Handwerker gefunden, muss nun ein Vertrag geschlossen werden. Bei einer umfassenden Ausschreibung erledigt dies üblicherweise der Architekt für Sie. Dann sind die Vertragsbedingungen meist bereits in der Ausschreibung enthalten oder aber werden nach Auswertung der Preis- und Leistungsangebote in einem Bauvertrag geregelt. Gute Architekten erledigen dies in enger Zusammenarbeit mit Fachanwälten für Bau- und Architektenrecht. Arbeiten Sie ohne Architekt, müssen Sie sich um die Dinge komplett selbst kümmern.

AGB, BGB, VOB/B

Bislang gab es unterschiedliche Möglichkeiten, mit einem Handwerker einen Vertrag zu schließen. Entweder durch Vereinbarung der AGBs des Handwerkers auf der Basis des BGB-Werkvertragsrechts, soweit die AGBs des Handwerkers keine den Verbraucher stark benachteiligenden oder gar unzulässigen Regelungen enthielten. Außerdem konnte auf der Grundlage des Werkvertragsrechts des BGB auch ein individueller Bauvertrag vereinbart werden. Eine weitere Möglichkeit war, dass AGBs oder ein Bauvertrag auf der Basis der sogenannten Vergabe- und Vertragsordnung Teil B (VOB/B) vereinbart werden konnten. Die VOB/B ist eine Allgemeine Geschäftsbedingung, die vom Deutschen Vergabe Ausschuss herausgegeben und empfohlen wird. Wenn sie als Ganzes (Umfang 18 Paragraphen) und wirksam vereinbart war (mindestens schriftliche Aushändigung des VOB/B-Textes an den Vertragspartner), unterlag sie bislang nicht der Inhaltskontrolle nach dem BGB

(bislang geregelt durch die §§ 307 bis 309 BGB). Das
heißt: Sie konnte problemlos zwischen professionell am
Bau tätigen Akteuren und Verbrauchern vereinbart werden.

Dieser Möglichkeit hat der Bundesgerichtshof (BGH) mit
einem Urteil vom Juli 2008 nun insofern einen Riegel vorge-
schoben, als dass die VOB/B auch dann der Inhaltskontrolle
nach dem BGB unterliegt, wenn sie mit einem Verbraucher
als Ganzes wirksam vereinbart wurde. Das heißt: Jede einzelne Klausel der VOB/B unterliegt bei Verbraucherverträ-
gen grundsätzlich der Inhaltskontrolle nach dem BGB, die
bisherige Privilegierung wurde aufgehoben.
Damit wird aus der VOB/B faktisch eine ganz normale AGB
ohne Sonderstatus, die auch inhaltlich überprüft werden
kann. Insofern verbessert sich für Verbraucher die Rechtssituation. Sie können die VOB/B nach wie vor vereinbaren,
die Vereinbarung aber kann – wie jede andere AGB auch –
Klausel für Klausel inhaltlich überprüft werden, ob sie dem
BGB-Recht standhält. Jede Klausel, die dies dann nicht tut,
fällt auf BGB-Recht zurück. Das Werkvertragsrecht des BGB
ist allerdings ein recht allgemein gehaltenes Gesetz, das
auf viele Besonderheiten im Zusammenhang mit Bauvorha-
ben nicht näher eingeht. Daher kann bei größeren Aufträ-
gen das Mittel der Wahl für Verbraucher momentan eine in-
dividuelle Vereinbarung mit dem Handwerker auf der Basis
des BGB-Werkvertragsrechts sein oder eine Vereinbarung
auf der Basis der VOB/B, bei der dann alle Vorgaben des
BGB berücksichtigt sind. Eine solche Anpassung der
VOB/B ist für Verbraucher nicht ohne Hilfe zu leisten. Ein
Fachanwalt für Bau- und Architektenrecht kann eine solche
Anpassung ggf. vornehmen.

Ohne die Konsequenzen zu kennen, arbeiten nach wie vor
viele Handwerker und Architekten gegenüber Verbrauchern
mit VOB/B-Verträgen. Bei kleineren Sanierungen kann es

Verbesserung der Rechtssituation für Verbraucher

Ihnen sogar passieren, dass sich der Unternehmer gar nicht darauf einlässt, über seine ABGs zu verhandeln. Nutzt er die VOB/B als AGB, haben Sie zumindest den Vorteil, dass Sie im Zweifel alle Einzelklauseln inhaltlich überprüfen lassen können, was bislang so nicht möglich war. Es ist davon auszugehen, dass in absehbarer Zeit gerichtlich geklärt wird, welche Klauseln der VOB/B mit Verbrauchern wirksam vereinbart werden können und welche nicht. Wenn dies feststeht, dürften sich rasch entsprechende ABGs entwickeln.

Leistungsvergütung Neben den rechtlichen Vertragsregelungen gibt es auch bei der Leistungsvergütung unterschiedliche Regelungen. Ist nichts weiter vereinbart, existiert also beispielsweise weder ein Kostenvoranschlag noch ein Angebot, können die Kosten schnell steigen, weil dann meist auf Stundensatzbasis abgerechnet wird, ohne dass man den Gesamtstundenaufwand kennt. Auch die Materialkosten werden dann meist nach Bedarf abgerechnet. Liegt ein Kostenvoranschlag oder ein Angebot vor, hat man zumindest eine Orientierung, mit welchen Kosten in etwa zu rechnen ist. Entscheidend ist dabei allerdings, dass der Kostenvoranschlag bzw. das Angebot mit Sorgfalt erstellt wurde und wirklich alle anfallenden Leistungen enthält. Wird ein Kostenvoranschlag wesentlich überschritten, ohne dass Sie zuvor informiert wurden und dies mit Ihnen abgestimmt war, besitzen Sie durchaus Kündigungsmöglichkeiten.
In der Praxis ist dies aber immer ein Ärgernis. Im Zweifel stehen Sie mit einer halbfertigen Leistung da und müssen für die Fertigstellung ein neues Unternehmen suchen.
Vereinbarung eines Brutto-Festpreises Bei einem detaillierten Angebot als Vertragsgrundlage müssen Sie über sich abzeichnende Kostensteigerungen auf alle Fälle vorher informiert werden. Helfen kann unter Umständen auch die Vereinbarung eines Brutto-Festpreises, der nicht überschritten werden darf. Auch die klare

schriftliche Vereinbarung einer Kostenobergrenze ist eine Möglichkeit, um allzu willkürlichen Kostensteigerungen von Beginn an entgegenzutreten.

Bei umfangreicheren Arbeiten, bei denen nicht mehr auf der Basis eines Kostenvoranschlags oder Angebots, sondern mit einem detaillierten Leistungsverzeichnis gearbeitet wird, kommen üblicherweise entweder ein Pauschalpreisvertrag oder ein Einheitspreisvertrag zur Anwendung. Beim Einheitspreisvertrag werden alle angebotenen Positionen einzeln abgerechnet, beim Pauschalpreisvertrag wird die Auftragssumme pauschaliert. Sehr verbreitet ist die Annahme, ein Pauschalpreisvertrag schütze sicher vor eventuellen Mehrkosten. Das ist leider falsch. Denn auch dem angebotenen Pauschalpreis stehen kalkulierte Arbeits- und Materialkosten gegenüber. Übersteigen die anschließend tatsächlich anfallenden Arbeits- und Materialkosten die Kalkulation um etwa 10 %, können auch beim Pauschalpreisvertrag Nachforderungen gestellt werden. Sie müssen allerdings vorher angekündigt werden. Unabhängig von der Vertragsform ist es aus solchen Gründen sehr wichtig, dass man alle potenziell anfallenden Arbeits- und Materialkosten möglichst exakt ermittelt und sich anbieten lässt bzw. bei größeren Vorhaben ausschreibt, um von Mehrkosten so weit wie möglich verschont zu bleiben. Bei Auftragswerten bis 5.000 Euro mag es hinnehmbar sein, dass die Allgemeinen Geschäftsbedingungen (ABGs) des Handwerkers oder ein mit ihm geschlossener Bauvertrag nicht präventiv durch einen Anwalt geprüft wurden. Bei Bausummen, die darüber hinausgehen, ist eine präventive anwaltliche Prüfung zu empfehlen.

Pauschalpreis- oder Einheitspreisvertrag

4

Die Abwicklung

Haben Sie die Vertragshürden sicher geschafft, geht es nun darum, das Sanierungsvorhaben umzusetzen. Handelt es sich um eine kleinere Bausumme, werden Sie die Bauüberwachung selbst machen wollen. Bei größeren Bausummen sollte Sie auch hier ein Fachmann begleiten.

Bestandsaufnahme Bevor Sie beginnen, sind zwei Dinge sehr wichtig: Bestandsaufnahme und Bestandsschutz. Die Bestandsaufnahme betrifft alle Feststellungen des Ist-Zustandes nicht nur des eigenen Gebäudes, sondern auch der Nachbargebäude. Vor allem dann, wenn Gebäude direkt aneinander gebaut sind oder Kellerfreigrabungen sehr dicht an anderen Gebäuden erfolgen sollen, empfiehlt sich unbedingt eine umfassende Fotodokumentation des Ist-Zustandes einschließlich der Nachbargebäude. Kommt es später zu Diskussionen über Fassadenrisse oder Setzungen, kann das Bildmaterial eine wichtige Hilfe sein. Auch Filmaufnahmen, die alle Gebäudeflächen und sichtbaren Gebäudeelemente deutlich zeigen, können helfen.

Bestandsschutz Der Bestandsschutz hingegen betrifft den aktiven Schutz gefährdeter Bauelemente. Ein typisches Beispiel sind Fenster oder Fensterbänke, durch die Schutt entsorgt werden soll, oder Treppen und Türen. Diese Bauteile erhalten üblicherweise Schutzrahmen aus Holz, der vor Druck-, Tritt- und Schlagbelastungen schützen soll. Auch ein Staubschutz durch Stellung einer Staubschutzwand muss häufig erfolgen. Im Garten kann sogar ein Vegetationsschutz notwendig werden (zum Schutz von Wurzelwerk oder Rasenflächen – etwa Herausnahme und Lagerung von Rasenflächen, um sie später wieder einfügen zu können).

Wasser- und Stromanschluss Sind diese Vorarbeiten erledigt, kann mit den eigentlichen Arbeiten begonnen werden. Ein Wasseranschluss für Bauwasser ist meist irgendwo im Haus vorhanden, Strom auch, jedoch meist nur der klassische Wechselstrom. Drehstrom, mit dem größere Baumaschinen betrieben werden, ist eher selten. Dieser „Baustrom" muss, falls nötig, temporär beantragt und installiert werden. Soll ein Gerüst gestellt werden, müssen dies und die ggf. notwendige Nutzung des öffentlichen Raums ebenfalls beantragt werden. Sanierungsarbeiten betreffen häufig nur einzelne Bauteile. Selbst ein ganzer Dachstuhl ist schnell abgedeckt, abgedichtet und neu eingedeckt. Will man den Fortschritt der Arbeiten sorgsam dokumentieren, sollte jemand während der Dauer der Arbeiten tagsüber anwesend sein. Dies empfiehlt sich ohnehin, falls es zu Zwischenfällen kommt (beispielsweise eine aus Versehen angebohrte Wasserleitung). Nötigenfalls muss man also Urlaub nehmen. Eine gute Dokumentation von Sanierungsarbeiten kann dann wichtig sein, wenn später der Sanierungserfolg nicht erreicht wird oder es zu Mängeln kommt. Da einige Bauschichten schnell wieder verdeckt sind (wie z. B. Dach-, Balkon- oder Kellerabdichtungen), sind Bilder der Arbeiten an diesen Schichten später u. U. sehr wichtig. Neben dem Fotomaterial kann eine zweite Dokumentation über ein sogenanntes Bautagebuch erfolgen, in das jeden Tag eingetragen wird, welche Firma mit welchem Personal wie lange auf der Baustelle anwesend war, was besprochen wurde, welche Arbeiten erledigt wurden und – ganz wichtig – welches Wetter herrschte. Bestimmte Abdichtungsarbeiten können nur bei bestimmten Temperaturen erfolgen.

Haben Sie einen Architekten mit der Bauleitung beauftragt, sollte auch er Bautagebuch führen, mindestens einmal am Tag auf der Baustelle vorbeisehen und bei allen kritischen Arbeitsgängen anwesend sein.

Fortschritt der Arbeiten dokumentieren

4

Das Bautagebuch

Abnahme und Schlussrechnung

Zeitüberschreitung

Terminüberschreitung, Mehrkosten und Mängel sind die drei häufigsten Ursachen für Ärger am Bau. Vor Zeitüberschreitungen kann bei umfangreicheren Sanierungen ein Bauzeitenplan schützen, dessen Zwischen- und Endtermine auch Vertragstermine sind, möglicherweise mit Konventionalstrafen belegt. Bei kleineren Sanierungen, bei denen man mitunter nicht genau weiß, was alles auf einen zukommt, wird man aber meist von einem strikten Bauzeitenplan absehen und vorrangig das erfolgreiche Sanierungsziel im Auge haben. Man wird also eine längere Trocknungszeit eines Bauteils in Kauf nehmen, wenn dadurch ein Feuchteproblem wirksamer bekämpft werden kann. Mehrkosten bei Sanierungen fallen häufig an, wenn unvorhergesehene Zusatzarbeiten notwendig werden. Deswegen ist neben der gutachterlichen Untersuchung der bauphysikalischen Zusammenhänge eines Feuchteschadens auch eine Untersuchung der bautechnischen Gegebenheiten wichtig. Hierbei ist es häufig auch notwendig, Bauteile wie z. B. Decken zu öffnen, um sich Klarheit über die Ausführung zu verschaffen. Alte Baupläne sind zwar häufig hilfreich, ihre Aussagekraft mitunter aber relativ, da auf Baustellen manches anders ausgeführt wurde als im Plan festgelegt.

Mehrarbeiten

Werden Mehrarbeiten fällig, müssen diese vorab angekündigt werden. Dann muss zunächst ihre Notwendigkeit fachlich überprüft werden. Außerdem sollte für die Mehrarbeiten ein Kostenvoranschlag erstellt und überprüft werden. Auf manchen Baustellen kursieren Stundenlohnzettel, die nicht selten abends noch schnell dem Bauherrn vorgelegt werden. Durch Unterzeichnung derselben erkennt man die darauf verzeichneten Leistungen in aller Regel an. Das ist gefährlich, da man so schnell den Kostenüberblick verliert. Stundenlohnzettel sollten möglichst nicht auftauchen.

Wenn dies doch geschieht, sollten sie gemeinsam durchgesprochen und sorgsam auf ihre Berechtigung hin durchgesehen werden.

Auch mit Abschlagsrechnungen wird man auf Baustellen schnell konfrontiert. Unternehmer sind gemäß § 632a BGB berechtigt, für in sich abgeschlossene Leistungen Abschlagsrechnungen zu stellen. Was eine in sich abgeschlossene Leistung ist, bleibt offen. Grundsätzlich gilt: Abschlagszahlungen sind keine Anzahlungen. Anzahlungen sollten generell nicht geleistet werden. Gezahlt werden sollte immer nur dann, wenn eine Leistung mängelfrei und vollständig erbracht ist. In allen anderen Fällen muss ggf. ein anteiliger Geldeinbehalt erfolgen. Dazu sollte der abgeschlossene Bauvertrag in jedem Fall berechtigen, denn ein anteiliger Geldeinbehalt ist eines der wirksamsten Steuerungsmittel auf Baustellen. Ein Verzicht auf Aufrechnung oder ähnliche Regelungen im Vertrag sollten daher auf alle Fälle vermieden werden.

Abschlags-rechnungen

Viele kleinere Sanierungsarbeiten betreffen einen Zeitraum von etwa ein bis zwei Wochen, sodass üblicherweise nur eine Rechnung – die Schlussrechnung – gestellt wird. Sie kann nur gestellt werden, wenn die Abnahme der Arbeiten durchgeführt wurde. Durch den wichtigen rechtlichen Vorgang der Abnahme erkennen Sie die Leistungen des Unternehmers als im Wesentlichen erbracht an, die Gewährleistungszeit beginnt zu laufen und die Beweislast kehrt sich um. Das heißt: Vor der Abnahme muss Ihnen der Unternehmer nachweisen, dass ein potenzieller Mangel kein Mangel ist, nach der Abnahme müssen Sie ihm nachweisen, dass ein Mangel vorliegt. Für sichtbare, also nicht durch andere Bauteile oder Bauschichten verdeckte Mängel, zu denen bei der Abnahme kein Vorbehalt geäußert wird, besteht normalerweise kein Nachbesserungsrecht. Aus diesen Gründen gilt: Eine Abnahme und das schriftliche Abnahmeprotokoll

Die Abnahme – rechtlich von großer Bedeutung

4

sollten sehr sorgsam vorbereitet werden. Abnahmen sollten grundsätzlich nur bei Tageslicht und – bei Außenbauteilen – bei möglichst gutem Wetter erfolgen. Man sollte ein, zwei Tage vor der eigentlichen Abnahme alle Sanierungsmaßnahmen in Ruhe ansehen und eventuelle Mängel notieren. Auch sollte die Höhe der anfallenden Kosten für eventuelle Nacharbeiten von Mängeln kalkuliert werden. Denn diese Kosten müssen ggf. einbehalten werden und die Höhe dieses Einbehalts muss im Abnahmeprotokoll aufgenommen werden.

Gemäß § 641 BGB beträgt der Einbehalt üblicherweise das Dreifache der für die Beseitigung des Mangels erforderlichen Kosten. Geplant ist, dies im BGB auf das Zweifache zu reduzieren.

Hinweis Gibt es während der Abnahme Streit, ob ein Mangel vorliegt oder nicht, kann dieser Sachverhalt ins Protokoll aufgenommen und ein Einbehalt vereinbart werden, bis geklärt ist, ob es sich um einen Mangel handelt oder nicht. Wird der Unternehmer ungehalten oder laut, kann eine Abnahme jederzeit abgebrochen und neu angesetzt werden.

Die Schlussrechnung wird in folgenden Schritten geprüft: Wurden alle aufgeführten Leistungen tatsächlich erbracht? Wurden sie mangelfrei erbracht oder gibt es Vorbehalte mit Geld-Einbehalten im Abnahmeprotokoll? Stimmen die abgerechneten Positionen in Einzel- oder Pauschalpreisen mit dem Angebot überein? Ist rechnerisch alles korrekt? Sind die Überträge richtig? Sind evtl. bereits geleistete Abschlagszahlungen berücksichtigt? Ist ein Sicherheitseinbehalt für die Gewährleistungszeit bereits abgezogen (max. 5 % der Bausumme)? Wird Skonto gewährt?

Mit der Abnahme beginnt die Gewährleistungszeit zu laufen, gemäß BGB üblicherweise 5 Jahre, nach VOB/B 4 Jahre. Diese Regelung dürfte aber hinfällig sein. Tauchen in dieser Zeit Mängel auf, muss dies dem Unternehmer schriftlich mitgeteilt werden. Sinnvollerweise setzt man in ein solches Schreiben eine Frist, bis wann der Mangel beseitigt sein soll. Erkennt der Unternehmer den Mangel nicht an oder ist er nicht bereit, ihn zu beseitigen, können Sie diesen Mangel unter Umständen auf Kosten des Unternehmers beheben lassen. Dazu ist es aber notwendig, dass der Mangel auch eindeutig als Mangel festgestellt bzw. durch den Unternehmer anerkannt wurde. Anerkennt der Unternehmer den Mangel nicht, müssen Sie ggf. zum selbstständigen Beweisverfahren (früher: Beweissicherungsverfahren) greifen, um das Vorhandensein des Mangels über einen gerichtlich bestellten Gutachter feststellen zu lassen. Die Gewährleistungszeit nach dem BGB wird nur unterbrochen, wenn der Unternehmer den Mangel anerkennt oder ein selbstständiges Beweisverfahren eingeleitet wird. Gerade am Ende einer Gewährleistungszeit und bei einem potenziell teuren Mangel können daher Eile und die rechtzeitige Einschaltung eines Fachanwalts geboten sein, um Ihre Ansprüche zu sichern.

Je nach Größe Ihres Vorhabens kann für Sie der Ratgeber „Richtig bauen: Ausführung" der Verbraucherzentrale hilfreich sein, der das Thema der Bauabwicklung umfassend und detailliert behandelt.

5 Jahre Gewährleistungszeit nach BGB

4

5

Versicherungsschutz
bei Feuchteschäden am Haus –
was geht und was nicht

Ob Neubau oder Altbau – ein Schaden am Haus durch die Einwirkung von Wasser von innen oder von außen ist immer ärgerlich, manchmal sehr teuer zu beheben und im schlimmsten Fall existenzbedrohend. Nachfolgend geben wir grundsätzliche Hinweise, in welchen Fällen welche Versicherung für die Beseitigung des Schadens eintritt oder auch nicht.

Schäden durch Leitungswasser – die Wohngebäudeversicherung

Die Versicherung von Schäden durch Leitungswasser ist im Rahmen einer Wohngebäudeversicherung möglich. Die Leitungswasserversicherung kommt für Schäden durch Leitungswasser, Frost und Rohrbrüche auf. Solche Schäden sind eher typisch für ältere Gebäude. Die Versicherung empfiehlt sich insbesondere dann, wenn das Leitungsnetz schon älter ist und Sie in einer Region mit sehr kalten Wintern oder mit stark kalkhaltigem Wasser wohnen. Versichert werden nicht nur das eigentliche Wohngebäude, sondern auch Garagen und andere Nebengebäude. Diese müssen im Versicherungsschein genau bezeichnet werden. Zu dem Gebäude zählen auch alle Teile, die mit ihm fest verbunden sind, wie z. B. eingebaute Schränke, fest verlegte Fußböden, Heizungs-, Sanitär- oder elektrische Anlagen. In den Versicherungsschutz mit einbezogen sind zudem das Zubehör, das der Instandhaltung des Gebäudes oder seiner Nutzung zu Wohnzwecken dient, also beispielsweise Brennvorräte, Werkzeuge, Antennen, Markisen oder Alarmanlagen.

Schäden durch Leitungswasser, Frost und Rohrbrüche

5

Bei einem Totalschaden ersetzt die Versicherung die Neubaukosten, bei teilweisen Beschädigungen zahlt sie die Reparaturen und ggf. einen Ausgleich für die Wertminderung. Mitversichert werden häufig auch die Kosten für

Totalschaden

Abbruch- und Aufräumarbeiten sowie Bewegungs- und Schutzarbeiten, z. B. die Abdeckung von Möbeln durch Folie. Die Erstattungsleistung ist allerdings in der Grunddeckung auf lediglich fünf bis 10 % der vereinbarten Versicherungssumme begrenzt. Dies kann insbesondere bei nicht freistehenden Häusern viel zu wenig sein. Vereinbaren Sie deshalb je nach den örtlichen Gegebenheiten eine Höherversicherung für Abbruch- und Aufräumarbeiten.

Tipp	Eine Wohngebäudeversicherung deckt in der Regel nicht alle Gefahren, Schäden und Kosten ab. Für nicht abgedeckte Fälle können Deckungserweiterungen vereinbart werden. Dazu gehört z. B. der Ersatz von Schäden durch Austritt von Wasser aus Aquarien und Wasserbetten.

Was ist versichert?

Entschädigung für Schäden innerhalb eines Gebäudes

Zum ersten leistet die Versicherung Entschädigung für innerhalb der Gebäude eintretende Bruchschäden (z. B. durch Frost) an Rohren, Schläuchen und Installationen der Wasserversorgung, Warmwasser- und Heizungsanlagen sowie Installationen (z. B. Waschbecken, Armaturen, Heizkörpern, Boilern). Als „innerhalb des Gebäudes" gilt der gesamte Baukörper einschließlich der Bodenplatte. Soweit nicht anders vereinbart, sind Rohre und Installationen unterhalb der Bodenplatte nicht versichert.

Schäden außerhalb von Gebäuden

Die Versicherung leistet weiter Entschädigung für außerhalb von Gebäuden eintretende frostbedingte und sonstige Bruchschäden an den entsprechenden Zuleitungsrohren, sofern sich diese auf dem Versicherungsgrundstück befinden, der Versorgung des versicherten Gebäudes oder Anla-

gen dienen und der Verantwortung des Versicherungsnehmers unterliegen.
Und schließlich entschädigt die Versicherung Nässeschä-
den an bzw. für versicherte Sachen, die durch bestim-
mungswidrig austretendes Leitungswasser, d. h. aus Rohr-
oder Schlauchbrüchen, zerstört oder beschädigt werden
oder abhanden kommen.

Was ist nicht versichert?

Nicht versichert sind z. B. Schäden durch Regenwasser
aus Fallrohren, Plansch- oder Reinigungswasser, Leitungs-
wasser aus Eimern, Gießkannen oder sonstigen mobilen
Behältnissen, stehendes Grundwasser oder fließendes
Gewässer, Überschwemmung oder Schäden durch einen
Rückstau aufgrund von Überschwemmung.

Wird das Haus zerstört, zahlt die Versicherung den Wiederaufbau (es gibt für jede Bauphase angemessenen Vorschuss) zum aktuellen Baupreis (Neuwert) – samt der
Kosten für den Architekten und sonstige Ausgaben für Konstruktion und Planung. Voraussetzung: Der Wiederaufbau
wird innerhalb von drei Jahren nach der Zerstörung veran-
lasst. Wer länger wartet, erhält nur den Zeitwert erstattet.
Dann wird die Wertminderung des Hauses durch Alter und
Abnutzung abgezogen.

Wiederaufbau des Hauses

5

Wer sich nicht an die Spielregeln hält (so genannte Oblie-
genheiten in punkto Sicherheitsvorschriften), riskiert den
Versicherungsschutz und erhält im Schadensfall kein oder –
je nach Umfang des eigenen Verschuldens – nur einen Teil
des Geldes.

Hinweis

Schäden am Mobiliar durch Wasser – die Hausratversicherung

Für den Schutz des Mobiliars empfiehlt sich eine Hausratversicherung. Abgedeckt sind in diesem Zusammenhang u. a. Schäden durch Leitungswasser, z. B. aus Wasch- und Geschirrspülmaschinen, sowie Heizungen, wenn der Versicherungswert der Versicherungssumme (keine Unterversicherung) entspricht. Generell gilt: Die Hausrat-Police zahlt nach einem Leitungswasserschaden das notwendige Geld, damit Sie sich die zerstörten Hausratgegenstände wieder kaufen können – und zwar neu.

Alt- und Neuregelung bei Fahrlässigkeit Haben Sie Ihre Hausratversicherung bis zum 31.12.07 abgeschlossen, erhalten Sie kein Geld, wenn Sie den Schaden grob fahrlässig verursacht haben. Für Neuverträge ab 01.01.2008 wird auch im Falle der groben Fahrlässigkeit gezahlt, allerdings richtet sich die Höhe der Leistung nach dem Verschuldensanteil des Verursachers.

Was ist versichert?

Die Versicherung umfasst nahezu alle beweglichen Einrichtungs-, Gebrauchs- und Verbrauchsgegenstände im Haus(halt) des Versicherungsnehmers, also alles, was zum Hausrat gehört, wie Möbel, Geräte, Kleidung. Selbst Campingausrüstung, Fernsehantenne, Musikinstrumente und Wertsachen (meist bis 20 % der Versicherungssumme) sind gegen diese Risiken ohne Aufpreis mitversichert. Hierzu gehören auch die Hausratgegenstände in der Garage, wenn diese in der Nähe der Wohnung liegt. Falls die Wohnung nach einem Schaden unbenutzbar wird, zahlen einige Hausratversicherungen bis zu 100 Tage für Hotel- oder ähnliche Unterbringung. Maximaler Tagessatz ist ein Tausendstel der Versicherungssumme. Außerdem kümmert sich die Versicherung in diesem Fall um Transport und Auslagerung des Inventars.

Was ist nicht versichert?

Nicht versichert sind Schäden durch umgestoßene Putzeimer, durch Niederschläge, Grund- und Hochwasser, Rückstau in der Kanalisation oder Wasserschäden durch undichte Fensteröffnungen.

Schäden durch Oberflächen- und Hochwasser – die Elementarschadenversicherung

In einer Wohngebäudeversicherung sind außer Hagel und Sturm Elementarschäden wie durch Überschwemmung regelmäßig nicht mitversichert. Hier hilft eine zusätzliche Elementarschadenversicherung. Nur dadurch sind Schäden infolge von Oberflächen- und Hochwasser abgesichert (⤍ Seite 81 f.).

Ergänzung zur Wohngebäudeversicherung

Was ist versichert?

Versichert werden Schäden aus Überschwemmung, Rückstau, Erdsenkung, Erdrutsch, Erdbeben, Schneedruck und Lawinen.

Was ist nicht versichert?

Nicht versichert werden Schäden durch Grundwasser oder durch eine Sturmflut.

Ob diese Zusatzversicherung sinnvoll ist, hängt davon ab, in welcher Region Ihr Haus steht. Wohnen Sie in einem Gebiet, das häufiger von einer Überschwemmung heimgesucht wird, werden Sie diese Deckungserweiterung – wenn überhaupt – nur mit hohen Aufschlägen und Selbstbehalten erhalten.

Den Zusatz gibt es meist nur im Paket, also nicht nur gegen einzelne Gefahren. Das hilft Hauseigentümern im Flachland, die sich gegen Hochwasser absichern wollen, nur bedingt: Sie zahlen einen hohen Preis, obwohl die Gefahr durch Erdbeben, Erdrutsch, Schneedruck und Lawinen fast nicht besteht.

Hinweis Nicht jede Situation ist versichert. Zum Beispiel gilt als Überschwemmung nur, wenn oberirdische Binnengewässer über die Ufer treten. Ein Deichbruch an Flüssen oder ein Anstieg des Grundwasserspiegels fallen in der Regel nicht darunter.

Schäden durch eine Öl- bzw. Flüssiggasheizung – die Gewässerschaden-Haftpflichtversicherung

Entstehen Schäden an der Öl- bzw. Flüssiggasheizung, z. B. durch Hochwasser, und läuft dadurch Öl oder Flüssiggas aus, kann in der Folge ein Gewässer oder das Grundwasser verschmutzt werden. Hier empfiehlt sich unbedingt eine Gewässerschaden-Haftpflichtversicherung.

Wie hoch das Risiko und damit der Beitrag für solch einen Versicherungsschutz ist, hängt von dem Ort des Tanks ab. Lagert er in einem gut isolierten Kellerraum, besteht selbst beim Auslaufen der Brennstoffe wenig Gefahr, dass die Schadstoffe ins Erdreich einsickern. Steht der Tank dagegen neben dem Haus oder liegt er einfach in der Erde, ist das Risiko deutlich höher. Besonders gefährdet sind Betreiber von Heizöltanks in der Nähe von Gewässern oder in einem Trinkwasser-Einzugsgebiet. Das ruinöse Haftungsrisiko sollte auf jeden Fall durch entsprechenden Versicherungsschutz aufgefangen werden.

Tipp

Kleinere Öltanks können bei manchen Anbietern der Privathaftpflichtversicherung beitragsfrei mitversichert sein. Wenn Ihr Öltank weniger als 10.000 Liter Fassungsvermögen besitzt und oberirdisch installiert ist, sollten Sie prüfen, ob das Risiko bereits durch Ihre Privathaftpflicht-Police ohne Aufpreis abgedeckt ist oder durch einen Wechsel zu einem anderen Versicherer abgedeckt werden kann.

Was ist versichert?

Die Versicherung zahlt, wenn Schadstoffe aus Ihrem Tank das Grundwasser beeinträchtigt haben. Außerdem kommt sie für angegriffene Fundamente, verseuchte Gärten und die Kosten der Rettungsaktion auf (Brunnen sichern, Erde ausbaggern und abfahren, Erdreich verbrennen).

5

Was ist nicht versichert?

Die Gewässerschaden-Haftpflichtversicherung deckt nicht alle Schäden ab. Beispiel: Der Eigentümer missachtet vorsätzlich Gesetze, Verordnungen sowie behördliche Anordnungen, die dem Gewässerschutz dienen. Nicht versichert sind u. a. andere Anlagen oder Typen als im Versicherungsschein genannt, Schäden infolge höherer Gewalt (z. B. ein durch Hochwasser aufgeschwemmter Öltank) sowie Schäden an der Anlage selbst (Öl- oder Gastank samt Leitungen und Armaturen).

Das ist im Schadensfall zu tun

Innerhalb angemessener Zeit muss die Versicherungsgesellschaft auf die Schadensmeldung reagieren. Gibt es keine Unstimmigkeiten und die Ermittlungen sind abgeschlossen, fließt das Geld innerhalb von 14 Tagen. Sind die Ermittlungen dagegen einen Monat nach der Schadensmeldung – ohne Verschulden des Versicherungsnehmers – noch nicht abgeschlossen, hat der Kunde Anspruch auf einen angemessenen Vorschuss, den er freilich verlangen muss. Erhält er ihn nicht, entsteht zumeist ein Anspruch auf Verzugszinsen.

Hilfe bei der Schadensregulierung Benötigen Sie Hilfe beim Ausfüllen des Schadensformulars oder rechtsanwaltliche Hilfe bei der Durchsetzung der Schadensregulierung, wenden Sie sich an die Schadensfallberatung der Verbraucherzentralen. Auch eine Beschwerde beim Ombudsmann für Versicherungen (Adresse ⤑ Seite 158) kann sinnvoll sein. Der hat das Recht, Beschwerden bis zu einem Streitwert von 5.000 Euro zu entscheiden und bis zu einem Streitwert von 80.000 Euro Empfehlungen auszusprechen. Seine Entscheidungen sind für die Unternehmen verbindlich, für die Verbraucher dagegen nicht. Diese können sich weiterhin an die Aufsichtsbehörde BaFin (Adresse ⤑ Seite 158), an die Verbraucherzentralen oder die Gerichte wenden. Der Ombudsmann kann aber nur helfen, wenn sich verärgerte Kunden vorher bei ihrem Versicherer beschwert, aber nach sechs Wochen noch keine zufrieden stellende Antwort erhalten haben. Zudem darf der Fall nicht schon vor Gericht, bei der Aufsichtsbehörde oder bei einer anderen Schiedsstelle anhängig sein.

Sind Sie mit dem Versicherer unzufrieden oder der Bedarf an bestimmten Policen ist überholt – brauchen Sie etwa bei der Heizungsumstellung von Heizöl auf Gas keine Gewässerschaden-Haftpflichtversicherung mehr –, können Sie den Vertrag aufheben lassen oder kündigen. Frist bei einer Kündigung sind zumeist drei Monate zum Ende des Ver-sicherungsjahres. Grundsätzlich ist die Kündigung auch möglich:

- nach jedem Schadensfall,
- bei jeder Beitragserhöhung, sofern sie vorher nicht vereinbart war,
- bei Verkauf (Wohngebäude-Police durch den Käufer).

5

Anhang

Glossar

Schutz der Außenwandabdichtung gegen mechanische Einwirkungen beim Wiederverfüllen der Arbeitsräume (z. B. durch Perimeter-Dämmplatten, Sickerplatten, Noppenbahnen etc.).

Anfüllschutz

Feuchtigkeit, die kapillar aus dem Erdreich aufsteigt.

Aufsteigende Feuchte

Der deutsche Ausschuss für Stahlbeton hat für WU-Beton eine Richtlinie geschaffen, die WU-Bauwerke in Beanspruchungsklassen (BSK) und ····⟩ Nutzungsklassen einordnet (NKL). Die Beanspruchungsklasse – die Art der Beanspruchung des Bauwerks oder des Bauteils durch Feuchte oder Wasser – wird unter Berücksichtigung der Baugrundeigenschaften und des Bemessungswasserstandes festgelegt. Die Beanspruchungsklasse 1 (BSK 1) gilt für drückendes Wasser, nicht drückendes Wasser und zeitweise aufstauendes Sickerwasser. Die Beanspruchungsklasse 2 (BSK 2) umfasst die Beanspruchung in Form von Bodenfeuchte und nicht stauendem Sickerwasser.

Beanspruchungsklassen

Kies der Sieblinie B 32, nach DIN 1045 zur Betonherstellung geeignet. Hier auch als Drän- oder Sickerschichtkörnung 0/32 mm zu verwenden.

Betonierkies

Bindiger Boden unterscheidet sich vom nichtbindigen Boden durch seinen plättchenartigen Aufbau. Durch die Beschaffenheit der Plättchen kann bindiger Boden Wasser aufnehmen und halten. Dadurch ändert sich die Konsistenz und die Tragfähigkeit des Bodens verschlechtert sich. Bei abnehmendem Wassergehalt verbessert sich die Tragfähigkeit des Bodens wieder. Bindige Böden sind Schluffe und Tone sowie Gemische aus Schluffen und Tonen. Sie können auch einen nichtbindigen Anteil von bis zu 15 % enthalten.

Bindiger Boden

Bei Wassersättigung ist diese Bodenart vor allem bei hohem Tonanteil wasserundurchlässig.

Bodenfeuchte   Bodenfeuchtigkeit bezeichnet im Boden vorhandenes, kapillar gebundenes Wasser, das durch Kapillarkräfte auch entgegen der Schwerkraft fließen kann, sowie aus Niederschlägen stammendes, nicht stauendes Sickerwasser an senkrechten, erdberührten Wandbauteilen.

Dampfbremse   Die Dampfbremse bezeichnet eine praktisch luft- und wasserdampfundurchlässige Schicht (ein- oder mehrlagige Folien aus Kunststoff (meist Polyethylen), bituminierte Pappe, Anstrich auf Bitumen- oder Kunstharzbasis) auf der Innenseite von Außenbauteilen (Wänden, Decken, Dächern), die das Eindringen von Wasserdampf in Gebäudeteile verhindern soll. Im Gegensatz zu einer Dampfsperre können bei einer Dampfbremse Wasserdampfmoleküle noch die Schicht passieren, Wassertropfen aber nicht.

Diffusionsoffen   Mit diffusionsoffen wird die Fähigkeit von Wänden bezeichnet, Wasserdampf von der warmen Seite zur kalten Seite zu transportieren (diffundieren) und damit für eine gewisse Regulierung der (Luft)Feuchtigkeit zu sorgen. Diese Wirkung sollte durch Verwendung von diffusionsoffenen Belägen, z. B. Tapeten, Farben, unbedingt gewahrt bleiben, um eine ungewollte Tauwasserbildung zu verhindern.
⸻⟩ Wasserdampfdiffusion

Drängraben   Als Drängraben bezeichnet man einen mit sickerfähigem Material, wie z. B. Betonierkies, gefüllten Graben, der Oberflächenwasser flächig aufnimmt und dieses über ein auf der Grabensohle verlegtes Dränrohr ableitet.

Dränplatten bestehen aus sickerfähigem, geschäumtem Kunststoff und werden vor die äußere Wandabdichtung geklebt. Sie schützen die Wandabdichtung beim Wiederverfüllen des Arbeitsraums und lassen Oberflächenwasser senkrecht durchsickern.

Dränplatten

Wasser, das durch Dränmaßnahmen gesammelt und weitergeleitet wird.

Dränwasser

Damit wird Grundwasser, Schichtenwasser, Hochwasser oder anderes Wasser bezeichnet, das einen hydrostatischen, auch zeitlich begrenzten Druck auf eine im Erdreich stehende Wand ausübt.

Drückendes Wasser (Druckwasser)

Mit dieser Methode wird versucht, feuchtes Mauerwerk durch das Anlegen einer elektrischen Kleinspannung trockenzulegen. Laut der Anbieter handelt es sich um eine Anwendung der Elektroosmose. Die Kapillarwirkung soll durch Stromeinwirkung aufgehoben und die im Mauerwerk vorhandene kapillare Feuchte wieder ins Erdreich zurückgeleitet werden.

Elektrophysikalische Mauerentfeuchtung

Vorsorge gegen die finanziellen Folgen von Naturkatastrophen bietet die sogenannte Elementarschadenversicherung. Sie ist bei vielen Versicherern als Ergänzung zur Wohngebäudeversicherung zu haben. Voraussetzung ist in den meisten Fällen, dass innerhalb der letzten zehn Jahre keine Elementarschäden auftraten.

Elementarschadenversicherung

Diese Kamera eignet sich, um Schadenuntersuchungen in Abwasserrohren durchzuführen und den Leitungszustand auf einem Monitor zu beobachten bzw. auf einen Videofilm aufzunehmen.

Endoskopie-Kamera

Feuchtemessgerät
Ein Feuchtemessgerät dient zum Messen von Feuchte in Bauteilen, wie z. B. Wänden, Böden, Decken usw.

Feuchteschutz
Bauliche Anlagen müssen so angeordnet, beschaffen und gebrauchstauglich sein, dass durch Wasser und Feuchtigkeit weder Gefahren noch unzumutbare Belästigungen entstehen. Feuchteschutz und Wärmeschutz können nicht unabhängig voneinander betrachtet werden. Mangelhafter Feuchteschutz reduziert den Wärmeschutz und schlechter Wärmeschutz führt zu Feuchtigkeitsschäden.

Feuchte-Regulierputz
Dieser Sanierputz bewirkt die stete Verdunstung der Feuchtigkeit und fördert vorhandene Salze zur Putzoberfläche, die dann abgekehrt werden können. Als Anstrich sind hierbei nur Silikatfarben zulässig.

Gegliederte Gebäudegrundflächen
Vor- oder Rücksprünge durch Erker usw.

Grauwasser
Fäkalienfreies Abwasser.

Grundleitung
Abwasserleitungen, die im Erdboden verlegt werden.

Grundwasser
Grundwasser entsteht durch das Versickern von Niederschlag im Erdreich. Die Oberkante eines Grundwasserspiegels ist regional und örtlich sehr unterschiedlich. Der höchst mögliche Wasserstand des Grundwassers ist für Bauprojekte wichtig und bei Behörden (Stadtverwaltung, Kreisverwaltung) zu erfragen. Die Höhenangabe bezieht sich auf NN (Normalnull).

Haftbrücke
Beim Verputzen einer sehr glatten Wand oder Deckenfläche, die meist aus Beton besteht, muss vorher mit einem auf glatten Flächen gut haftenden Spezialmörtel grundiert werden. Dieser Arbeitsvorgang wird auch als „Bildung

einer Haftbrücke für den noch aufzutragenden Putz" bezeichnet.

Man unterscheidet Hebeanlagen für fäkalienfreies und für
fäkalienhaltiges Abwasser (z. B. Toilette). Die Hebeanlage
hebt das Abwasser auf die Entwässerungsebene.

Hebeanlage

Hochwasser wird der Zustand von Gewässern genannt, bei
denen der Wasserstand deutlich über dem normalen Pegelstand liegt. In Tidegewässern bezeichnet Hochwasser den
Eintritt des höchsten Wasserstands einer Tide beim Über-
gang von der Flut zur Ebbe. Es wird zwischen regelmäßig
wiederkehrenden Hochwassern (Gezeiten, Frühjahrshoch-
wasser) und unregelmäßigen oder einmaligen Ereignissen
(Regengüsse, Sturmfluten, Tsunami) unterschieden.

Hochwasser

Waagerecht aufgebrachte Feuchteabdichtung, z. B. auf
dem Mauerwerk, Fundament oder der Bodenplatte.

Horizontalsperre

Sie entsteht dadurch, dass Salze im Mauerwerk Wasser
aus der Luft aufnehmen.

Hygroskopische Feuchte

Sie gehören zu den Leichtputzen und haben dichte Putze
mit hohem Zementanteil abgelöst.

Kalk-Zement-Leichtputze

Anstrich mit flüssigem, kalt zu verarbeitendem Bitumen zur
Feuchteabdichtung.

Kaltbitumenanstrich

Wassertransport über mikroskopisch feine Äderchen oder
Röhrchen im Mauergefüge, auch gegen die Schwerkraft,
der durch die Oberflächenspannung des Wassers und die
Adhäsionskraft des Mauerwerks bedingt wird. Je mehr Ka-
pillarporen (Durchmesser ca. 0,1–0,0001 mm) das Mauer-
werksgefüge und der Putz aufweisen, desto höher steigt
die Feuchtigkeit in der Wand auf.

Kapillarität

Kondensatfeuchte   Feuchtigkeit, die bei Unterschreiten des Taupunktes durch starke Abkühlung der Raumluft als Feuchtefleck auf der Innenseite einer Außenwand erscheint.

Konvektoren   Auf Rohre oder Rohrprofile geschweißte, gepresste oder gelötete Aluminium-, Kupfer- oder Stahlblech-Lamellen, die verkleidet werden. Wegen geringer Bautiefe und Bauhöhe (z. B. b/h 5/10 cm) finden Konvektoren auch Anwendung als sogenannte Unterflurkonvektoren durch Einbau in Bodenkanäle zur Beheizung vor großen Fensterelementen.

Korn, (Boden-)   Böden werden nach Art und Größe ihrer Partikel, Körner, unterschieden. Die Korngröße hat einen wesentlichen Einfluss auf die Bodeneigenschaften; sie bemisst sich nach ihrem jeweiligen Durchmesser. Bei Böden, deren Korndurchmesser zu 90 % größer als 0,063 mm betragen, spricht man von sickerfähigen, wasserdurchlässigen, nicht bindigen Böden; dazu gehören Kies mit Korn Ø 0,5 bis 1,0 mm, Sand fein bis mittel, Korn Ø 0,1 bis 0,3 mm. Schwach durchlässige Sande und Schluffe haben einen Korn Ø von 0,01 bis 0,05 mm, sehr feine Sande als bindige Böden z. B. einen Korn Ø von 0,0001 bis 0,01 mm.

Mischfilter   Teil der Dränschicht, bestehend aus einer gleichmäßig nach Filterregel aufgebauten Schicht Kiessand abgestufter Körnung. Mischfilter übernehmen die Rolle der Sicker- und der Filterschicht als senkrechte Dränschicht vor Außenwänden.

Nicht drückendes Wasser   Wasser in tropfbarer flüssiger Form mit geringem hydrostatischem Druck (Wassersäule = 10 cm), ausschließlich auf horizontalen oder geneigten Flächen.

Nivellement   Messung von Höhenunterschieden zwischen Punkten, um z. B. festzustellen, welchen Weg Wasser fließt.

Der deutsche Ausschuss für Stahlbeton hat für WU-Beton eine Richtlinie geschaffen, die WU-Bauwerke in ---> Beanspruchungsklassen (BSK) und Nutzungsklassen einordnet (NKL). Vom Planer ist in Abstimmung mit dem Bauherrn bzw. in Abhängigkeit von der Funktion und der angestrebten Nutzung von Räumen eine Nutzungsklasse A oder B festzulegen. Nutzungsklasse A: Wasserdurchtritt in flüssiger Form ist nicht zulässig, Feuchtestellen auf der Bauteiloberfläche als Folge von Wasserdurchtritt sind auszuschließen. Nutzungsklasse B: Feuchtestellen im Bereich von Trennrissen, Sollrissquerschnitten und Fugen sind zulässig.

Nutzungsklassen

Wasser aus natürlichen oder künstlichen oberirdischen Gewässern (z. B. Seen, Flüsse) und oberirdisch abfließendes Niederschlagswasser.

Oberflächenwasser

Wärmedämmung auf der Außenseite des Kellers im Erdreich.

Perimeterdämmung

Mineralischer Unterputz, auf den der Sanierputz aufgetragen wird.

Porengrundputz

Sammelbehälter, aus dem Pumpen Wasser absaugen. Er wird z. B. als tiefster Punkt eines Kellers angeordnet, wenn dort bei starken Regenfällen regelmäßig das Wasser steht. Auch zum Trockenlegen von Baugruben kann ein Pumpensumpf eingesetzt werden.

Pumpensumpf

Glieder-, Röhren- und Plattenheizkörper.

Radiatoren

Schacht zur Kontrolle von Grundleitungen, die mit einer Reinigungsöffnung versehen sind.

Revisionsschacht

Künstlich angelegte unterirdische Bodenspeicher, die durch ein Abfluss-System miteinander verbunden sind.

Rigolen-System

Ringdränage Frostfrei verlegte geschlossene Ringleitung um die Fundamente, bei der das Wasser aus der Dränschicht gesammelt und meist versickert wird. Ringdrainagen sind erforderlich bei schwach durchlässigem Baugrund oder bei Hanglagen mit starkem Wasseranfall.

Rückstausicherung Oberbegriff für alle baulichen Einrichtungen, die der Abwehr von zurückstauendem Abwasser dienen, wie Rückstauklappen, Rückstauverschlüsse, Hebeanlagen usw.

Ruhewasserspiegel Der in einem Geruchsverschluss notwendige Wasserspiegel verhütet den Austritt von Gerüchen im Ruhezustand, d. h., wenn kein Abwasser fließt.

Schachttrocknung Hohlräume, die durch die Wand-/Raumtrocknung nicht erreicht werden, können gezielt hinterlüftet und damit getrocknet werden. Dies betrifft z. B. Badewannen- oder Duschwannenhohlräume, Installationshohlräume und Versorgungsschächte.

Schichtenwasser Unterirdisch in einer wasserführenden Bodenschicht fließendes Wasser. Diese Bodenschicht besteht überwiegend aus Kies oder Sand.

Schlagregen Er entsteht, wenn gleichzeitig zum Regen entsprechend starke Windströmungen auf die Fassade einwirken.

Schwarzwasser Fäkalienhaltiges Abwasser wird als Schwarzwasser bezeichnet.

Sicken Als Sicken werden Vertiefungen bei Blechen, insbesondere bei Trapezblechen, bezeichnet. Sie erhöhen die Steifigkeit von Blechen, Rohren etc.

Oberflächenwasser, das infolge der Durchlässigkeit des
Bodens in das Erdreich eindringen kann. Sickerfähige
Böden sind Kies und Sand. ┄┄> Korn

Sickerwasser

Sickerwasser, das bei sehr stark durchlässigen Böden
ohne Aufstau absickern kann.

**Sickerwasser,
nicht stauend**

Sickerwasser, das sich auf wenig durchlässigen Bodenschichten ohne Dränung zeitweise aufstauen kann. Die
Bauwerkssohle liegt mindestens 30 cm über dem Bemessungswasserstand.

**Sickerwasser,
zeitweise aufstauend**

Umweltfreundliche, offenporige Fassadenfarbe mit sehr
guter Wasserdampf- und Kohlensäuredurchlässigkeit. Sehr
gute wasserabweisende Eigenschaft. Staubablagerungen
werden vom Regen abgewaschen. Nach DIN 18363 2.4.1
mit Prüfzeugnis versehen.

**Siliconharz-
Emulsionsfarbe**

Mauerwerks-Außenfläche vom anstehenden Erdreich oder
der Belagsoberkante bis auf mindestens 30 cm Höhe der
Wandfläche.

Spritzwassersockel

Als Stufenfilter bezeichnet man eine nach Korngröße abge-
stufte Filterschicht aus Kiessand 0/4 mm kombiniert mit
einer Sickerschicht aus Kies Körnung 4/16 oder einem Filtervlies aus Polyester. Er dient als senkrechte Dränschicht
vor Außenwänden.

Stufenfilter

Anwendung als Haftvorspritz zur Schaffung einer sicheren
Verbindung zwischen schlecht saugendem Mauerwerk und
Trass-Sanierputz.

**Trasszement-
Suspension**

Sicker-, Schicht- und Grundwasser.

Unterirdisches Wasser

Verkieselung Einpressen von Kieselsäure über Bohrungen in eine Kellerwand zum Schutz gegen aufsteigende Nässe.

Wanne, weiße Bei der weißen Wanne® sind aufgrund ihrer Konstruktion
keine zusätzlichen Dichtungsbahnen erforderlich. Bodenplatte und Außenwände werden als geschlossene Wanne
aus Beton mit hohem Wassereindringwiderstand nach DIN
EN 206-1 und DIN 1045-2 hergestellt. Diesen Beton nennt
man auch wasserundurchlässigen Beton oder WU-Beton.

Wanne, orange Zur Sicherstellung der Nutzungsklasse A wird die orange
Wanne® nach dem Entwurfsgrundsatz der Trennrissfreiheit
gemäß WU-Richtlinie bemessen. In Abhängigkeit von der
Wasserbeanspruchung bzw. den daraus resultierenden Beanspruchungsklassen 1 und 2 wird die erforderliche Bau-
teildicke festgelegt.

Wanne, schwarze Die abzudichtenden Gebäudeteile erhalten bei der schwar-
zen Wanne® auf allen Seiten eine flächige Dichtungshaut
nach DIN 18195. Dichtungsbahnen aus Bitumen oder
Kunststoff werden dabei an den Außenseiten des Gebäudes angebracht und vom Erdreich oder vom angreifenden
Wasser an die Gebäudewände oder -sohle gedrückt.

Wasserdampfdiffusion Dieser Ausdruck steht für die Wasserdampfwanderung
durch eine Wand. Man bezeichnet diesen Vorgang als Wasserdampfdiffusion, die stets von der warmen zur kalten
Seite erfolgt. Wände sollen luftdicht, aber durchlässig für
Wasserdampf sein, d. h. ····❯ diffusionsoffen.
Der elektrische Widerstand nahezu jedes Feststoffes verän-
dert sich je nach vorhandener Feuchtigkeit. Bei geringer
Materialfeuchte erhöht sich der elektrische Widerstand,
mit zunehmender Materialfeuchte wird er geringer. Feuch-
tigkeitsmessgeräte, die nach dem Widerstands-Messver-
fahren arbeiten, messen den elektrischen Widerstand

eines Materials und bringen diesen entweder direkt oder umgerechnet in Feuchteprozenten (d. h. Gewichtsprozenten) zur Anzeige.

Widerstands-Messmethode

Gegenstand der Versicherung ist das in der Versicherungspolice genannte Gebäude einschließlich aller mit diesem fest verbundenen Gegenstände, wie z. B. eines fest verklebten Teppichbodens oder der Tapeten. Nicht versichert sind jedoch bewegliche Möbel oder Wertsachen.

Wohngebäude-versicherung

WTA bezeichnet die Wissenschaftlich-Technische Arbeitsgemeinschaft für Bauwerkserhaltung und Denkmalpflege e. V. München. Sie erstellt Normen und Regeln für die Instandsetzung von Gebäuden im Bestand und zur Sanierung der historischen Bausubstanz und ist Herausgeberin der ⟶ WTA-Merkblätter (www.wta.de).

WTA

In den einschlägigen WTA-Merkblättern werden die gängigen Systeme für Mauertrockenlegung und die entsprechenden Vorgehensweisen für die Praxis beschrieben.

WTA-Merkblatt

Wasserundurchlässige (WU-)Betonbauwerke sind Konstruktionen, die ohne zusätzliche äußere flächige Abdichtung erstellt werden und allein aufgrund des Betons und konstruktiver Maßnahmen wie Fugenabdichtung und Rissbreitenbegrenzung einen Wasserdurchtritt in flüssiger Form verhindern (Richtlinie „Wasserundurchlässige Bauwerke aus Beton" des Dt. Ausschusses für Stahlbeton (DAfStb).

(WU-)Betonbauwerke

Adressen

Verbraucherzentralen

Verbraucherzentrale Baden-Württemberg e. V.
Paulinenstraße 47, 70178 Stuttgart
Tel.: 01805-50 59 99 (0,14 Euro/min)
Fax: 0711-66 91-50
info@verbraucherzentrale-bawue.de
www.verbraucherzentrale-bawue.de

Verbraucherzentrale Bayern e. V.
Mozartstraße 9, 80336 München
Tel.: 089-53 987-0
Fax: 089-537 553
info@verbraucherzentrale-bayern.de
www.verbraucherzentrale-bayern.de

Verbraucherzentrale Berlin e. V.
Hardenbergplatz 2, 10623 Berlin
Tel.: 030-21 485-0
Fax: 030-2 117 201
Termine Tel.: 030-214 85-260
mail@verbraucherzentrale-berlin.de
www.verbraucherzentrale-berlin.de

Verbraucherzentrale Brandenburg e. V.
Templiner Straße 21, 14473 Potsdam
Tel.: 0331-29 871-0
Fax: 0331-29 871-77
info@vzb.de
www.vzb.de

Verbraucherzentrale Bremen e. V.
Altenweg 4, 28195 Bremen
Tel.: 0421-160 777
Fax: 0421-1 607 780
info@vz-hb.de
www.vz-hb.de

Verbraucherzentrale Hamburg e. V.
Kirchenallee 22, 20099 Hamburg
Tel.: 040-24 832-0
Fax: 040-24 832 290
info@vzhh.de
www.vzhh.de

Verbraucherzentrale Hessen e. V.
Große Friedberger Straße 13–17
60313 Frankfurt
Tel.: 069-972 010-0
Fax: 069-972 010-50
Faxabruf: 069-97 205 900
vzh@verbraucher.de
www.verbraucher.de

Neue Verbraucherzentrale Mecklenburg
und Vorpommern e. V.
Strandstraße 98, 18001 Rostock
Tel.: 0381-20 870 50
Fax: 0381-20 870 30
info@nvzmv.de
www.nvzmv.de

Verbraucherzentrale Niedersachsen e. V.
Herrenstraße 14, 30159 Hannover 1
Tel.: 0511-9 119 601
Fax: 0511-9 119 610
info@vzniedersachsen.de
www.vzniedersachsen.de

Verbraucherzentrale Nordrhein-
Westfalen e. V.
Mintropstraße 27, 40215 Düsseldorf
Tel.: 0211-3 809-0
Fax: 0211-3 809 216
vz.nrw@vz-nrw.de
www.vz-nrw.de

Verbraucherzentrale Rheinland Pfalz e. V.
Ludwigstraße 6, 55116 Mainz
Tel.: 06131-2 848-0
Fax: 06131-2 848-66
info@vz-rlp.de
www.vz-rlp.de

Verbraucherzentrale Saarland e. V.
Trierer Straße 22, 66111 Saarbrücken
Tel.: 0681-588 090
Fax: 0681-588 0922
vz-saar@vz-saar.de
www.vz-saar.de

Verbraucherzentrale Sachsen e. V.
Bühl 34–38, 04109 Leipzig
Tel.: 0341-69 62 90
Fax: 0341-6 892 826
vzs@vzs.de
www.vzs.de

Verbraucherzentrale Sachsen-Anhalt e. V.
Steinbockgasse 1, 06108 Halle
Tel.: 0345-2 980 329
Fax: 0345-2 980 326
vzsa@vzsa.de
www.vzsa.de

Verbraucherzentrale Schleswig-Holstein e.V.
Andreas-Gayk-Straße 15, 24103 Kiel
Tel.: 0431-5 909 910
Fax: 0431-5 909 977
info@verbraucherzentrale-sh.de
www.verbraucherzentrale-sh.de

Verbraucherzentrale Thüringen e.V.
Eugen-Richter-Straße 45, 99085 Erfurt
Tel.: 0361-555 140
Fax: 0361-5 551 440
info@vzth.de
www.vzth.de

Verbraucherzentrale Bundesverband e. V.
Markgrafenstraße 66, 10969 Berlin
Tel.: 030-25 800-0
Fax: 030-25800-518
info@vzbv.de
www.vzbv.de

Stiftung Warentest
Lützowplatz 11–13, 10785 Berlin
Tel.: 030-26 31 0
Fax: 030-26 31 27 27
email@stiftung-warentest.de
www.stiftung-warentest.de

Weitere Adressen

Wissenschaftlich-Technische Arbeits-
gemeinschaft für Bauwerkserhaltung und
Denkmalpflege e. V.
Humboldtstraße 21
99423 Weimar
Tel.: 036 43-86 67 0
Fax: 036 43-86 67 11
www.wta.de

Bundesministerium für Verkehr, Bau
und Stadtentwicklung
Referat Öffentlichkeitsarbeit
Invalidenstraße 44
10115 Berlin
Tel.: 030-18 300-0
Fax: 030-18 300-19 42
buergerinfo@bmvbs.bund.de
www.bmvbs.de

Deutscher Ausschuss für Stahlbeton
im DIN Deutsches Institut für Normung e. V.
Burggrafenstraße 6
10787 Berlin-Tiergarten
Tel.: 030-26 01 20 39
Fax: 030-26 01 4 20 39
dafstb@din.de
www.dafstb.de

Bundesarchitektenkammer
Askanischer Platz 4
10964 Berlin
Tel.: 030-26 39 44-0
Fax: 030-26 39 44-90
info@bak.de
www.bak.de

Versicherungsombudsmann e. V.
Postfach 08 06 32
10006 Berlin
Tel.: 0 18 04-22 44 24
Fax: 0 18 04-22 44 25
beschwerde@versicherungsombuds-
mann.de
www.versicherungsombudsmann.de

Bundesanstalt für Finanzdienstleistungs-
aufsicht (BaFin)
– Bereich Versicherungen –
Graurheindorfer Straße 108
53117 Bonn
Tel.: 02 28-4 10 8-0
Fax: 02 28-4 10 8-15 50
www.bafin.de

Impressum

Herausgeber

Verbraucherzentrale Nordrhein-Westfalen e. V.
Mintropstraße 27, 40215 Düsseldorf
Telefon 01 80/5 00 14 33 (0,14 Euro/Min. aus dem Festnetz,
Mobilfunkpreise abweichend)
Fax: 02 11/38 09-2 35
E-Mail: publikationen@vz-nrw.de

Verbraucherzentrale Bundesverband e. V.
Verbraucherzentrale Baden-Württemberg e. V.
Verbraucherzentrale Bayern e. V.
Verbraucherzentrale Brandenburg e. V.
Verbraucherzentrale Hamburg e. V.
Verbraucherzentrale Hessen e. V.
Verbraucherzentrale Rheinland-Pfalz e. V.
Verbraucherzentrale Sachsen e. V.
Verbraucherzentrale Sachsen-Anhalt e. V.
Verbraucherzentrale Schleswig-Holstein e. V.
Verbraucherzentrale Thüringen e. V.
(····⟩ Adressen, Seite 156 f.)

Text:	Dipl. Ing. (FH) Karl Habermann, Waldmohr
	Dipl. Des. (FH) Uta Maria Schmidt, Niederolm
	Dipl. Ing. Peter Burk, Institut Bauen und Wohnen, Freiburg
Fachliche Mitwirkung:	Helene Neumann, Elke Weidenbach, Akke Wilmes
Lektorat:	Dr. Mechthilde Vahsen
Koordination:	Ilse Mara Berzins
Layout + Produktion:	Design Ute Lübbeke, Köln
Titelfoto:	getty images
Fotos/Grafiken:	Dipl. Ing. (FH) Karl Habermann,
	S. 51 KEIMFARBEN GmbH & Co. KG, Diedorf
Gedruckt auf:	Lenza Top Recycling
Druck:	Stürtz GmbH, Würzburg
Redaktionsschluss:	Juli 2008

Ratgeber der Verbraucherzentralen

Hier können wir Ihnen nur eine kleine Auswahl unseres mehr als 80 Titeln umfassenden Ratgeberprogramms vorstellen. Auf Wunsch senden wir Ihnen gerne die Gesamtübersicht zu. Unsere Ratgeber können Sie in den Beratungsstellen der Verbraucherzentralen (---> Seite 156 f.) kaufen oder bei den Herausgebern (---> Impressum Seite 159) bestellen. Bitte schicken Sie weder Geld noch Briefmarken. Sie erhalten mit der Lieferung eine Rechnung. Zu den genannten Preisen (Stand: Juli 2008) kommen noch Porto und Versandkosten.

Planen und bauen mit dem Architekten

Mit einem Architekten bauen - was heißt das für den Bauherrn? Wir zeigen, wie Sie einen geeigneten Architekten finden und beauftragen, welche Kosten auf Sie zukommen und wie sich die Zusammenarbeit bei Planung und Ausführung des Bauvorhabens gestaltet. Mit Formulierungsvorschlägen für die Vertragsgestaltung.
1. Auflage 2004, 192 Seiten, 9,80 Euro

Richtig bauen: Ausführung

Der Traum von den eigenen vier Wänden kann für Bauherren schnell zum Albtraum werden: Behörden stellen sich quer, der Bauablauf verzögert sich, Kosten explodieren. Um Probleme zu vermeiden, begleitet der Ratgeber Bauherren von der Einrichtung der Baustelle bis zur Fertigstellung – mit Checklisten für alle Gewerke und zahlreichen Arbeitsvorlagen.
2. Auflage 2007, 216 Seiten, 19,90 Euro

Feuchtigkeit und Schimmelbildung in Wohnräumen

Schimmelpilze ärgern Mieter und Vermieter, sind schlecht fürs Raumklima und können die Gesundheit belasten. Was Sie tun können, damit sie erst gar nicht entstehen, und mit welchen Mitteln Sie ihnen im Fall des Falles den Garaus machen können, erfahren Sie hier.
13. Auflage 2007, 104 Seiten, 5,90 Euro